核电焊接人员培训与资格认证系列

钨极惰性气体保护电弧焊

技能操作培训教程

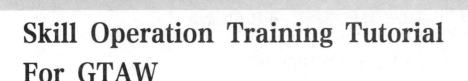

Skill Operation Training Tutorial For GTAW

主　编　王绍国　邹明伟　吴东球

副主编　汤　帅　孙学银　任娟侠

主　审　康文捷　孙国辉

哈尔滨工业大学出版社

HARBIN INSTITUTE OF TECHNOLOGY PRESS

内容简介

本书是核电焊接人员跨入核电门槛,取得民用核安全设备焊接人员资格证书必读的培训教材之一。本书结合生态环境部令第 5 号《民用核安全设备焊接人员资格管理规定》以及《民用核安全设备焊接人员操作考试技术要求(试行)》(国核安发〔2019〕238 号)等文件,总结多年的核设备制造、安装经验以及焊工培训、考试的实践经验,从法规要求及焊接原理入手,以手工钨极惰性气体保护电弧焊管对接和管-板角接两个考试项目为例,介绍了焊接操作要点、常见焊接缺陷的产生原因和解决方法、焊前准备、操作方法、焊后检查等方面内容。

本书文字简明扼要,图文并茂,深入浅出,适用于核电焊接人员的培训指导与练习,并可为焊工教师、焊接工程师以及相关管理人员提供政策和焊接操作理论方面的参考。

图书在版编目(CIP)数据

钨极惰性气体保护电弧焊技能操作培训教程/王绍国,邹明伟,吴东球主编. —哈尔滨:哈尔滨工业大学出版社,2023.3

(核电焊接人员培训与资格认证系列)

ISBN 978 - 7 - 5767 - 0536 - 2

Ⅰ.①钨… Ⅱ.①王… ②邹… ③吴… Ⅲ.①钨极惰气保护焊-资格考试-教材 Ⅳ.①TG444

中国国家版本馆 CIP 数据核字(2023)第 024410 号

策划编辑　许雅莹
责任编辑　许雅莹　张　权
封面设计　刘　乐
出版发行　哈尔滨工业大学出版社
社　　址　哈尔滨市南岗区复华四道街 10 号　邮编 150006
传　　真　0451 - 86414749
网　　址　http://hitpress.hit.edu.cn
印　　刷　哈尔滨市工大节能印刷厂
开　　本　787 mm×1 092 mm　1/16　印张 9.25　字数 224 千字
版　　次　2023 年 3 月第 1 版　2023 年 3 月第 1 次印刷
书　　号　ISBN 978 - 7 - 5767 - 0536 - 2
定　　价　38.00 元

核电焊接人员培训与资格认证系列

编审委员会

主　任	张彦敏　徐锴
副主任	杜爱玲　邹杰
委　员	王林　彭暐华　赵国斌

本册编写委员会

主　编	王绍国　邹明伟　吴东球
副主编	汤帅　孙学银　任娟侠
主　审	康文捷　孙国辉
副主审	林晓辉　方乃文　李武
参　编	王洪涛　池乐忠　邬长利　何冰
	陈世雄　舒宏　王克楠　何胜祥
	吉丽华　刘建平　田英明　汪萍
	杨晓波　唐丽　唐念　黄强
	黄琼仙　王凯　李磊　李焕锡
	赵洪炼　汪义玲　吕杰森　甘瑞霞
	高阿彪　肖瑞旺　张新平

编审委员会人员简介

编审委员会	姓名	单位
主　任	张彦敏	中国机械工程学会
	徐　锴	哈尔滨焊接研究院有限公司
副主任	杜爱玲	中国机械科学研究总院
	邹　杰	东方电气股份有限公司
委　员	王　林	哈尔滨焊接技术培训中心
	彭暐华	上海焊接协会
	赵国斌	国家核安全局

本册编写委员会人员简介

编写委员会	姓名	单位
主 编	王绍国	东方电气(广州)重型机器有限公司
	邹明伟	重庆川仪自动化股份有限公司
	吴东球	东方电气(广州)重型机器有限公司
副主编	汤 帅	东方电气(广州)重型机器有限公司
	孙学银	哈尔滨工业大学
	任娟侠	重庆川仪自动化股份有限公司
主 审	康文捷	重庆川仪自动化股份有限公司
	孙国辉	东方电气(广州)重型机器有限公司
副主审	林晓辉	哈尔滨焊接研究院有限公司
	方乃文	中国焊接协会
	李 武	四川三洲川化机核能设备制造有限公司
参 编	王洪涛	东方电气(广州)重型机器有限公司
	池乐忠	东方电气(广州)重型机器有限公司
	邬长利	东方电气(广州)重型机器有限公司
	何 冰	东方电气(广州)重型机器有限公司
	陈世雄	东方电气(广州)重型机器有限公司
	舒 宏	东方电气(广州)重型机器有限公司
	王克楠	劳氏工业技术服务(上海)有限公司
	何胜祥	东方电气集团东方锅炉股份有限公司
	吉丽华	东方电气集团东方汽轮机有限公司
	刘建平	东方电气集团科学技术研究院有限公司
	田英明	重庆川仪自动化股份有限公司
	汪 萍	重庆川仪自动化股份有限公司
	杨晓波	重庆川仪自动化股份有限公司
	唐 丽	重庆川仪自动化股份有限公司
	唐 念	重庆川仪自动化股份有限公司
	黄 强	重庆川仪自动化股份有限公司
	黄琼仙	新疆云山钢结构有限责任公司
	王 凯	四川三洲川化机核能设备制造有限公司
	李 磊	四川三洲川化机核能设备制造有限公司
	李焕锡	自贡西南电力配件制造有限公司
	赵洪炼	佛山市三祺机械设备有限公司
	汪义玲	南方风机股份有限公司
	吕杰森	南方风机股份有限公司
	甘瑞霞	南方风机股份有限公司
	高阿彪	南方风机股份有限公司
	肖瑞旺	中国广核集团有限公司
	张新平	广州市中盈钢结构有限公司

序

在努力实现"双碳"目标的大背景下,核电作为一种低碳、高效的清洁能源,已被世界各国广泛利用。随着我国核能技术的进步,核电建设得到了较为快速的发展。2022年国家核准了10台核电机组,带来了新一轮的核电建设高潮。

民用核安全设备焊接人员是核电建造过程中最为重要的技能人才之一,在新一轮核电建设高潮中有大量的需求,针对民用核安全设备焊接人员的培训工作近几年就显得尤为重要。适时地编写《核电焊接人员培训与资格认证系列》培训教程有助于从事民用核安全设备焊接操作工作的人员更为便捷地了解管理规定、学习焊接方法、提升焊接技能以及掌握考试项目操作。

《核电焊接人员培训与资格认证系列》是一套覆盖目前核电建造过程中主要焊接方法的培训教程,较为全面地介绍了各种焊接方法的特点、焊接参数、常见缺陷及预防措施、焊接操作难点和要点;针对核安全设备焊接人员的考试常用项目进行了较为细致地阐述;并采用图文并茂的方式进行介绍,有利于促进培训人员学习、理解、提升操作技能,以顺利取得资格证。

《核电焊接人员培训与资格认证系列》培训教程的目的是希望培训更多的焊接技能人才,扩大民用核安全设备焊接人员队伍,提高核电建造能力,为国家核电建设贡献力量。

哈尔滨工业大学教授

2022 年 12 月

前　　言

　　《核电焊接人员培训与资质认证系列》根据《民用核安全设备焊接人员资格管理规定》《民用核安全设备焊接人员操作考试技术要求（试行）》等文件编写，是落实核电焊接人员培训的教材之一。旨在使核电焊接人员培训、考试、资格认证工作与国家核安全局《民用核安全设备焊接人员资格管理规定》相符合。希望本书促进国内核电焊接人员培训工作的标准化、科学化和规范化，提高核电焊接人员技术素质，培养核电大国工匠，铸造国之核电重器。

　　本书介绍了民用核安全设备焊接人员资格管理规定及操作考试技术要求，钨极惰性气体保护电弧焊焊接常见缺陷及防止措施，焊接考试操作详解等。书中引用了大量实际操作图片，可以通俗易懂地指导核电焊接人员操作及应对考试。本书在编写过程中借鉴了国际 RCC-M 及 ASME 等标准规范。

　　本书是编者及其团队多年核电焊接人员培训以及考试工作的结晶。由于经验和水平有限，难免存在疏漏和不足之处，恳请广大核电焊接培训工作者和核电焊接工作人员批评指正。

编者
2022 年 12 月

目　　录

第1章　核电焊接人员资格管理概述

1.1　《民用核安全设备焊接人员
资格管理规定》发布实施

2019年6月12日,中华人民共和国生态环境部发布第5号令,要求《民用核安全设备焊接人员资格管理规定》(内容见附录1)自2020年1月1日起施行。原国家环境保护总局于2007年12月28日发布的《民用核安全设备焊工焊接操作工资格管理规定》(国家环境保护总局令第45号)同时废止。

1.1.1　法规修订目的

为了更好地总结和提炼历年来的焊接人员资格管理经验,提升焊接人员资格管理水平,落实"放管服"改革要求,在全面梳理历年各项管理要求的基础上,进一步规范和明确资格条件和管理要求,建立健全管理制度,全面加强焊接人员考核和资格管理。2019年6月12日修订了法规,其目的如下。

(1)落实《中华人民共和国核安全法》和《民用核安全设备监督管理条例》的规定。

①核安全设备焊接人员、无损检验人员应当按照国家规定取得相应资格证书。

②核设施营运单位以及核安全设备制造、安装和无损检验单位应当聘用取得相应资格证书的人员。

③由国务院核安全监管部门核准颁发资格证书。《中华人民共和国核安全法》第三十七条:核设施操纵人员以及核安全设备焊接人员、无损检验人员等特种工艺人员应当按照国家规定取得相应资格证书。

(2)落实国家职业资格管理要求。

2021年11月人力资源社会保障部发布关于《国家职业资格目录(2021年版)》的公告。焊工属于准入类资格类别。

(3)落实国务院"放管服"改革精神。

①大幅简化优化,解决目前考核项目过多、资格证书有效期过短问题。

②提高考试的公正、公平性。

③加强对资格考核的统一组织管理。

④企业对聘用人员岗位进行管理,压实企业主体责任。

1.1.2　法规修订原则

(1)严格按照《中华人民共和国核安全法》和《民用核安全设备监督管理条例》的要求修订。

根据优化调整方案要求,对相关部门职责、申请人员条件、考试方式与内容、技能评定、证书有效期和资格考核的焊接方法等内容进行针对性的修改。

(2)简化行政审批程序,优化许可考核内容。

以焊接方法考核为主线,大幅精减资格许可考核项目,减轻企业考证负担,突出核行业特色要求,确保焊接人员技能和质量意识处于与核行业要求相匹配的水平。

(3)统一组织考试,提高考试的标准化、规范化。

管理与技术要求分开,《民用核安全设备焊接人员资格管理规定》只规定通用的原则性的管理要求,具体的考试技术要求在层次文件中规定。

(4)落实企业主体责任,强化事中事后监管。

放管并重,落实企业主体责任,企业根据标准和技术要求对焊接人员进行适应性技能评定,确保焊接人员技能与意识满足产品焊接工作的需要。

1.1.3 法规修订情况

1.1.3.1 修订重点

(1)根据优化调整方案提出的要求对相关条款进行相应的修订。

(2)对章节结构和条款顺序进行优化调整。

(3)明确资格许可焊接方法种类。

(4)对资格证书延续方式进行规范和优化。

(5)强化资格许可的事中事后监管,明确相关处罚规定。

1.1.3.2 重要内容变化说明

1. 优化章节结构

原《民用核安全设备焊工焊接操作工资格管理规定》分为 7 章共 39 条,修改后分为 5 章共 39 条,删除了专业技术内容,优化了管理要求,条理更加清晰。

(1)总则:目的和依据、适用范围、机构职责等。(6 条)

(2)证书申请与颁发:申请条件、考试要求和内容、证书延续等。(14 条)

(3)监督管理:相关单位和人员的要求等。(9 条)

(4)法律责任:违规处罚内容等。(7 条)

(5)附则:考培分离、施行时间等。(3 条)

2. 优化焊接资格管理

(1)优化考试组织管理。

①明确国务院核安全监管部门负责资格许可统一管理。(第四条)

②国家核安全局设立资格考核秘书处,组织具备条件的考核单位实施资格考核,考核单位承担具体考核工作;聘用单位组织申请人员报名参加资格考核。(第九条)

③统一组织考试,统一考试尺度,提高考试的计划性和权威性,确保考试的公正公平。

(2)优化许可考核方式与内容。

①立足资格管理的行业准入作用,提高考试的通用性。(第三条)

②操作考试按焊接方法在典型试件上进行,通过后颁发相应焊接方法资格证书,大幅缩减证书种类和考试项目数量。(第六条)

③报考者 1 年内通过理论和操作考试,方可取得资格证书;单科考试不通过,1 年内可补考 2 次,督促企业加强人员培养。(第十三条)

(3)提高报考人员学历要求。

原学历要求为初中以上,调整为中等职业教育或高中以上。(第七条)

(4)优化证书延续要求。

原资格证书延续要求参加操作考试,调整为审核工作记录和业绩情况,对于良好的,予以延续。(第十八条)

(5)突出核行业特色要求。

①理论考试考查核电系统知识、核安全设备及质量保证知识和核安全文化等核行业相关知识。(第十二条)

②操作考试在考查焊接人员熟练操作技能的同时,强化焊接过程质量控制的考核。(第十二条)

③考试试件设置体现核行业特色,要考查较强的综合操作能力和素养。

(6)考核与技能评定并重,压实企业主体责任。

①发挥资格许可的杠杆作用,要求聘用单位加强焊接人员培训考核和岗位管理,在核安全设备焊接活动开始前严格按照标准和技术要求进行技能评定,合格并经授权后方可上岗。(第五条、第二十二条)

②将焊接人员技能培养和使用管理的主体责任落实到企业,倒逼聘用单位必须开展常态化的焊接人员培训考核与选拔,切实提升焊接人员技能,维持核级焊接人员队伍的稳定。

(7)简政放权,减轻企业负担。

①根据“放管服”改革精神,简政放权,将证书有效期调整为 5 年。(第十六条)

②按焊接方法进行考核发证。(第三条、第六条、第十二条)

③将连续操作记录交由聘用单位管理,不再与证书有效性挂钩,切实减轻企业负担。(第二十二条)

④焊接人员变更聘用单位的,不再要求原聘用单位提供书面意见。(第二十四条)

1.2　民用核安全设备焊接人员操作考试技术要求

为规范民用核安全设备焊接人员资格考核工作,根据《民用核安全设备焊接人员资格管理规定》(生态环境部令第 5 号),国家核安全局组织编制了《民用核安全设备焊接人员操作考试技术要求(试行)》(国核安发〔2019〕238 号)(内容见附录2),并于 2019 年 11 月 22 日发布实施。

1.2.1　编制目的

国家核安全局对焊接人员资格管理一直非常重视,早在 1995 年就制定发布了《民用核承压设备焊工及焊接操作工培训、考试和取证管理办法》,2007 年修订为《民用核安全设备焊工焊接操作工资格管理规定》,明确国家核安全局对民用核安全设备焊接人员进行资格许可,为提升焊接人员操作技能与质量意识,考核选拔合格焊接人员,确保民用核安全设备焊接质量,发挥了重要的作用。2018 年 1 月 1 日起实施的《中华人民共和国核安全法》明确规定焊接人员应当按照国家规定取得相应资格证书。

但在法规实施中,也不可避免地存在一些问题,如主体责任不清晰,企业主体作用发挥不够,存在以考代培现象;考试类别多、项目代号繁杂、考试项次多、适用范围窄;企业持证成本高等。

根据国务院"放管服"改革要求,进一步优化调整民用核安全设备焊接人员资格管理,充分发挥资格许可的杠杆作用,落实企业主体责任,加强企业对焊接人员的培养、考核和管理,为此国家核安全局组织制定了民用核安全设备特种工艺人员资格管理优化调整方案,并组织对《民用核安全设备焊工焊接操作工资格管理规定》中有关内容进行修订,形成与《民用核安全设备焊接人员资格管理规定》相配套的焊接人员操作考试技术要求。

1.2.2 编制的总体思路

1.2.2.1 突出资格许可的基本定位

根据国家核安全局特种工艺人员优化调整方案要求,焊接人员资格考核作为一项职业资格行政许可,要充分发挥资格许可的杠杆作用,立足资格管理的基本定位,以考核推动焊接人员技能水平和核安全文化素养的提高。企业作为焊接人员管理的责任主体,承担焊接人员选拔、培养、使用和管理的主体责任,负责与产品需求适应的技能评定和岗位授权,确保焊接人员技能满足产品焊接工作的需要。

1.2.2.2 考试试件设置侧重综合技能的考查

资格考核考试试件按焊接方法结合历年操作考试项目统计分析进行设置,主要考查焊接人员相应焊接方法的综合操作技能以及操作习惯、质量意识与核安全文化的熟悉程度,确保焊接人员的技能符合核电行业的要求。

总之,根据资格考核操作考试按焊接方法进行考试的原则,在保持核电行业特色的基础上,大幅精减资格考核项目,通过设置各焊接方法的考试试件,提高考试的标准化,优化考试施焊技术要求,增加考试过程考核的要求,统一并严格遵守考试检验要求,使操作考试设置更加简洁明了,考试适用范围更广,考试试件检验更加统一和规范。

1.2.2.3 主要内容和需要说明的问题

1. 主要内容

《民用核安全设备焊接人员操作考试技术要求》正文部分共 5 章,1 个附件,内容分别如下。

第 1 章为引言,概括介绍了《民用核安全设备焊接人员操作考试技术要求》的目的和适用范围。

第 2 章为考试内容,对资格考核的焊接方法、各焊接方法的考试内容(试件设置)及资格许可的适用范围进行规定,主要包括试件名称、材料、规格、数量、焊接位置和考试时间等内容,同时对各试件的焊接位置及代号进行示意和规定。

第 3 章为考试试件要求,对考试用各种试件规格尺寸进行了规定。

第 4 章为考试施焊要求,对考试施焊的基本要求、焊接材料、焊接工艺评定、焊接工艺规程和考试过程考核要求等进行了规定,主要包括试件制备与清理、试件装配与组对、试件固定、焊缝接头与打磨和过程考核等内容。

第5章为考试试件检验要求,对试件检验项目和数量、检验流程、无损检验方法与验收要求等进行了规定,主要包括目视检验的验收准则与检验方法要求,渗透、射线检验的检验方法与验收准则要求等。

附件给出了操作考试过程考核的主要内容和判定准则等内容。

2. 需要说明的问题

(1)考试试件的设置。

①手工焊工和焊接操作工考试试件设置有所区分。对于手工焊工,其焊接操作技能对焊接质量有着直接、较大的影响,需要考虑的技能因素较多,试件设置应有一定的代表性,试件考试应有一定的难度;而对于焊接操作工,主要考查其操作焊接设备的熟练度,需要考虑的技能因素相对较少,主要包括焊接方法、焊接位置和焊接工艺因素等,试件设置相对简单。

②重点考虑应用范围较广的焊接方法的考试试件设置。据统计,自2007版《民用核安全设备焊工焊接操作工资格管理规定》(HAF603)实施以来,考过的焊接人员项目代号为4 851项,其中手工焊工4 517项,占93.1％;颁发过的证书数为43 048项,其中手工焊工40 390项,占93.8％。可以看出手工焊工的考试占绝大多数,而在考过的4 517项手工焊工项目中,焊条电弧焊和手工钨极惰性气体保护电弧焊又占绝大多数(占比分别为39.3％、52.7％)。总之,焊条电弧焊和手工钨极惰性气体保护电弧焊的考试项目最多,持证焊接人员人数最多,在实际产品的制造安装中应用范围最广,包括大多数重要设备、重要焊缝都需要使用这两种焊接方法,同时这两种焊接方法通常也是焊接人员进入核电行业焊接领域需要掌握的两种基础性焊接方法,如,大多数焊缝的打底焊通常采用手工钨极惰性气体保护电弧焊或焊条电弧焊,大多数壁厚较薄的管或管-板焊缝常采用全手工钨极惰性气体保护电弧焊,其他稍厚一点的管、板和管-板焊缝常采用手工钨极惰性气体保护电弧焊和焊条电弧焊,而且这两种焊接方法的焊接人员技能对焊接质量的影响也最为明显,所以对这两种焊接方法进行重点设置,采用板、管或管-板等综合考查基本操作技能。

原则上各焊接方法应当单独考试,单独适用,也可组合使用,考虑实际生产中管对接氩电联焊使用的情况非常普遍,规定对从事氩电联焊工作的焊接人员可以选择管对接试件采用氩电联焊工艺进行考试,并明确该试件考试通过后仅适用于氩电联焊的情况,所使用的两种方法不能单独适用。

③试件设置充分体现历年考试项目的总结与提炼。通过梳理、分析和总结历年焊接人员考试资格项目,发现其大多采用板或(和)管,及辅以部分管-板的试件形式,为此考试试件设置采用的板(管)试件规格尺寸为考试中较多使用的规格尺寸,焊接位置也为考试中较多或难度相对适中的位置,焊接成形要求也体现各焊接方法的基本技能要求。考试试件设置总体上体现了历年考试项目的总体情况与趋势,并保留部分具有核电行业特色的试件,如自动手工钨极惰性气体保护电弧焊管子-管-板试件,以突出核电行业特色,确保关键焊缝焊接质量。

同时对部分焊接方法的考试试件,结合各单位设备和工艺的实际情况,设置两种不同的试件供各单位焊接人员根据自身情况选择一种试件进行考试,使考试更加符合实际,更加人性化。

④试件设置突出体现综合技能的考试要求。考虑采用的考试试件代表性应较强,同时基于资格考核面对的人员技能水平参差不齐,要求设置的考试试件应能充分反映行业总体水平,主要侧重考查焊接人员的综合操作技能,同时通过考试考查焊接人员的过程控制、职业素养和核安全文化与意识。

⑤优化资格考核的焊接方法。本着突出重点、抓住关键的原则,对需要进行资格考核的焊接方法进行梳理和优化,资格考核的焊接方法主要为核设备制造安装中涉及的主要焊缝和承压承载焊缝所使用的焊接方法,包括焊条电弧焊、手工钨极惰性气体保护电弧焊、自动手工钨极惰性气体保护电弧焊、熔化极气体保护电弧焊和埋弧焊等。在确保核安全重要设备关键焊缝焊接质量的前提下,对部分主要应用于非压力边界和非承压承载焊缝的焊接方法,如电阻焊和螺柱焊等不纳入资格考核的范围,由企业按民用核安全设备标准和技术要求进行岗前技能评定,合格并经授权后上岗。

同时,对部分焊接方法进行归一化处理,优化考试焊接方法,如熔化极气体保护电弧焊,不分自动和半自动,统一按半自动方法进行考试,且采用的焊丝也不分实芯或药芯,考试时由焊接人员自行选用;埋弧焊统一采用丝极埋弧焊的方法进行考试,并明确从事带极堆焊的人员应取得埋弧焊资格。

(2)企业负责技能评定。

焊接人员资格考核主要通过设置考试试件的形式进行,焊接人员通过理论及操作考试后获得相应焊接方法的资格许可。但在焊接人员从事民用核安全设备焊接活动前,必须由所属企业(聘用单位)按照民用核安全设备标准和技术要求进行相应考试,合格并经授权后方可上岗,确保焊接人员满足产品焊接工作的需要。

焊接人员技能评定作为核安全设备许可证持证单位核设备活动的一部分,由企业按照核设备活动的管理要求进行管理,核安全监管部门应加强相应的监督检查力度。

(3)统一试件检验要求。

本着同一资格考核,其验收准则应该一致、统一的原则,在《民用核安全设备焊接人员操作考试技术要求》中明确了无损检验方法标准和验收准则的标准,严格按照核一级焊缝要求进行无损检验,以统一考试尺度,避免相同项目的检验标准不统一,保证考试的公正公平。

通过考核过程的控制,有效评判焊接人员遵守焊接工艺规程的情况,在保证焊接试件力学性能的前提下,取消理化试验,统一采用无损检验的方法对试件进行评定,突出对焊接人员操作技能的考核,大大减轻试件取样加工和理化检验的工作量,有效压缩考试时间和检验周期,大幅降低考试成本,提高许可审批效率。

(4)操作考试过程考核。

对考试过程进行考核,实质是一个考核理念的转变,由过去只注重考试结果,转变到技能和意识两手抓,促进焊接人员养成良好的操作习惯、质量意识和核安全文化。使焊接人员养成严谨的工作作风,以贯彻重技能、重意识、两手抓、两手都要硬的做法,使通过考试的焊接人员不仅技能合格,作风意识也要合格,并自觉成为核安全设备制造安装中一道合格的核安全屏障。

1.2.2.4　对我国的适用性说明

目前 2007 版《民用核安全设备焊工焊接操作工资格管理规定》已经实施 10 多年,积累了一定的经验,《民用核安全设备焊接人员操作考试技术要求》是在这些年实践的基础上进行总结改进,本着简政放权、简化考试设置、严格技术要求和统一考试尺度的原则,使焊接人员资格考核更加突出基础性考试、门槛考试的作用,有利于实现焊接人员资格管理的信息化,但对企业焊接人员资格管理专业水平和监督管理应提出更高的要求。

第2章 手工钨极惰性气体保护电弧焊

手工钨极惰性气体保护电弧焊,英文名称为 Tungsten Inert Gas Welding,缩写为 TIG。后来,美国焊接学会将其正式命名为 Gas Tungsten Arc Welding,缩写改为 GTAW。手工钨极惰性气体保护电弧焊具有适应性强以及可以获得高质量焊缝的特点,在核安全设备制造中,成为不可或缺的焊接方法之一。本章概括性阐述手工钨极惰性气体保护焊的基本原理和手工操作技术。

2.1 手工钨极惰性气体保护电弧焊简介

2.1.1 工作原理

手工钨极惰性气体保护电弧焊以钨或钨合金作为焊接时的电极材料,在惰性气体保护下,利用焊接电源提供电流和电压,使电极与母材之间产生电弧,熔化母材和填充材料(焊丝)形成焊缝的焊接过程。手工钨极惰性气体保护电弧焊示意图如图 2.1 所示。焊接时,填充焊丝从钨极的前方添加,惰性气体从喷嘴均匀、连续地喷出,将焊接区保护起来,利用钨极与工件间产生电弧的热量熔化母材和填充焊丝(可不加填充焊丝),形成熔池,在惰性气体保护下,熔池冷却结晶后形成焊缝。当焊件厚度小于 3 mm 时,一般不需要开坡口和加填充金属。

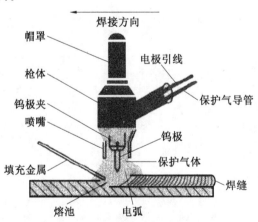

图 2.1 手工钨极惰性气体保护电弧焊示意图

焊接过程可用手工进行,也可以自动化送丝。保护气体可以采用氩气、氦气或氩氦混合气体,在特殊应用场合,可添加少量的氢。用氩气作为保护气体的电弧焊称为手工钨极惰性气体保护电弧焊,用氦气作为保护气体的电弧焊称为钨极氦弧焊。由于氦气价格昂贵,在工业上手工钨极惰性气体保护电弧焊的应用比钨极氩弧焊广泛得多。

2.1.2　手工钨极惰性气体保护电弧焊的特点

2.1.2.1　优点

(1)惰性气体能有效隔绝周围空气,它本身不溶于金属,不与金属反应,因此手工钨极惰性气体保护电弧焊可以用来焊接易氧化、易氮化、化学性质活泼的有色金属、不锈钢和各种合金。焊接过程中,电弧具有阴极清除作用,当焊件表面作为阴极时,其氧化膜会被阳离子撞击破碎并清除掉。

(2)钨极电弧稳定。即使在很小的焊接电流(<10 A)下仍可稳定燃烧,特别适合薄板、超薄板材料焊接。热源和填充焊丝可分别控制,因此热输入容易调节,可以进行各种位置的焊接,也是实现单面焊双面成形的理想方法。

(3)一般钢材(碳钢、合金钢)不需要预热。例如,碳钢SA-516GrB、SA-210GrC、耐热钢SA213-T11,甚至壁厚小于5 mm的马氏体钢SA213-T91也不需要预热。

(4)明弧操作,易观察电弧和熔池状态。填充焊丝通过电弧间接加热,所以不会产生飞溅,焊缝成形美观。

2.1.2.2　不足之处

(1)熔深浅,熔敷速度小,生产率较低。

(2)钨极承载电流的能力较差,电流过大会引起钨极熔化和蒸发,其微粒有可能进入熔池,造成污染(夹钨)。

(3)惰性气体较贵,焊接设备复杂,与其他电弧焊方法(如焊条电弧焊、埋弧焊和CO_2气体保护焊等)比较,生产成本较高。

(4)对焊接环境和工件清洁要求较高,焊接时应做好防风,焊接前工件待焊表面,应经彻底的脱脂、除膜、除锈和清洗等清洁处理。

(5)试件的坡口尺寸加工精度要求高,需要机加工,并保证装配精度。

2.1.2.3　应用范围

(1)手工钨极惰性气体保护电弧焊适用于全位置焊接,可焊接的最小厚度为0.1 mm,5 mm以下可实现单道焊;3~50 mm的工件可多层焊或多层多道焊。由于效率较低,焊厚工件时通常仅用于焊接打底焊道。

(2)适用的材料范围较广。可以焊接如碳钢、合金钢、耐热合金、难熔金属、铝合金、铍合金、铜合金、镁合金、镍合金、钛合金及锆合金等。

用手工钨极惰性气体保护焊焊接铅和锌有一定难度,因为它们的熔点比电弧温度低太多(铅的熔点为327.5 ℃,锌的熔点为419.0 ℃),很难控制焊接过程,加上锌的蒸气压高,沸点仅906 ℃,焊接时剧烈蒸发,使焊缝质量低劣。如果采用手工钨极惰性气体保护电弧焊焊接涂有铅、锡、锌、镉或铝的钢材及其他熔点较高的金属时,焊前应设法清除焊接区的涂层,焊后再重新涂敷。

(3)用于单面焊双面成型的打底焊道。

(4)小范围的焊接修复,例如工件表面的补焊等。

2.2　手工钨极惰性气体保护电弧焊设备简介

2.2.1　设备组成和型号

手工钨极惰性气体保护电弧焊设备通常由焊接电源、引弧及稳弧装置、焊枪、喷嘴、钨极供气系统、水冷系统和焊接程序控制装置等部分组成。焊接电流较小时（<300 A），采用空气冷却焊枪，不需要冷却系统。图2.2为手工钨极惰性气体保护电弧焊设备构成示意图，其中焊接电源控制系统包括了引弧及稳弧装置、焊接程序控制装置等。

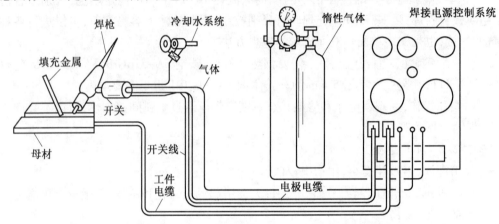

图2.2　手工钨极惰性气体保护电弧焊设备构成示意图

根据 GB/T 10249—2010《电焊机型号编制方法》规定，手工钨极惰性气体保护电弧焊机型号由汉语拼音及阿拉伯数字组成，例如：

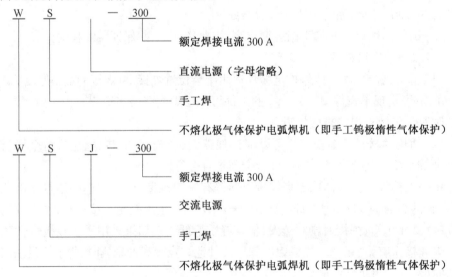

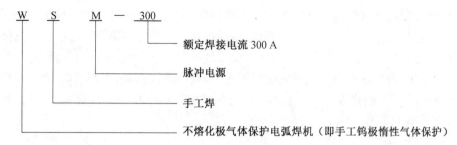

2.2.2　焊接电源

手工钨极惰性气体保护电弧焊的电弧静特性曲线与焊条电弧焊的电弧静特性曲线相似,所以手工钨极惰性气体保护电弧焊电源必须具有陡降外特性曲线。

电流通常分为交流和直流两类,近些年又发展了脉冲手工钨极惰性气体保护电弧焊。手工钨极惰性气体保护电弧焊电流的种类及特点见表 2.1。

表 2.1　手工钨极惰性气体保护电弧焊电流的种类及特点

电流	交流(AC)	直流(DC)	
		正接	反接
示意图			
两极热量近似分配	焊件:50%;钨极:50%	焊件:70%;钨极:30%	焊件:30%;钨极:70%
钨极许用电流	较大	最大	小
焊缝熔深	中等	深而窄	浅而宽
阴极清理作用	有(焊件在负半周时)	无	有
适用材料	铝、铝青铜及镁合金等	除铝、铝青铜及镁合金以外的其余金属	除焊铝、铝青铜及镁合金外很少采用(因为钨极烧损严重)

2.2.2.1　直流手工钨极惰性气体保护电弧焊的特点和适用范围

直流手工钨极惰性气体保护电弧焊电弧燃烧稳定。当采用直流正接时,钨极是阴极,钨极的熔点高,在高温时电子发射能力强,电弧燃烧稳定性更好。

1. 直流反极性

虽然很少采用直流反极性,但是它可以去除氧化膜,一般称阴极破碎或阴极雾化作用,这种作用在交流焊的反极性半波中同样存在,它是手工钨极惰性气体保护电弧焊能焊接铝、镁及其合金的重要原因。但是,直流反极性的热作用对焊接不利,手工钨极惰性气体保护电弧焊阳极产生热量多于阴极。反极性时电子轰击钨极,放出大量热量,容易使钨极过热熔化;由于在焊件上放出的能量不多,焊缝熔深浅而宽,生产率低,而且只能焊接厚约 3 mm 的铝板,所以在手工钨极惰性气体保护电弧焊中直流反极性除了焊铝、铝青铜及镁合金外很少应用。

2. 直流正极性

采用直流正极性时,有如下优点。

(1)焊件为阳极,焊件上接受电子轰击时放出全部动能和位能(逸出功),产生大量热,因此焊缝熔深深而窄,生产率高,焊件的收缩力和变形都小。

(2)钨极上接受阳离子轰击时放出的能量比较小,且钨极在发射电子时需要大量逸出功,钨极上产生的热量比较少,因此不易过热。对于同一焊接电流,直流正接可以采用直径较小的钨棒,例如,125 A 焊接电流直流正极性时选用直径1.6 mm的钨棒,而采用直流反极性时需用直径 6 mm 的钨棒。

(3)钨棒的热发射能力很强,当采用小直径钨棒时,电流密度大,利于电弧稳定,所以电弧稳定性也比反极性好。总体来说,直流正极性的优点多,因此除了焊接铝、铝青铜及镁合金外,多采用直流正极性(如钢、钛、镍及高温合金)。

2.2.2.2　交流手工钨极惰性气体保护电弧焊的特点和适用范围

在生产实际中,焊接铝、镁合金时一般采用交流电,这样在交流负极性的半波里(铝焊件为阴极),阴极有去除氧化膜的作用,它可以清除熔池表面的氧化膜;同时发射足够的电子,有利于电弧稳定,使焊缝过程顺利进行。

2.2.2.3　脉冲手工钨极惰性气体保护电弧焊的特点

脉冲手工钨极惰性气体保护电弧焊和一般手工钨极惰性气体保护电弧焊的主要区别在于,脉冲钨极惰性气体保护电弧焊采用低频调制的直流或交流脉冲电流加热焊件。电流幅值(或交流电流的有效值)按一定频率周期变化,峰值电流时铁水熔化形成熔池,基值电流时熔池凝固,且保证电弧不灭。

调节脉冲波形、脉冲电流幅值、基值电流大小、脉冲电流持续时间和基值电流持续时间,可以对焊接热输入进行控制,从而控制焊缝及热影响区的尺寸和质量。

(1)脉冲钨极惰性气体保护电弧焊可以控制对焊件的热输入和熔池尺寸,提高焊缝抗烧穿和熔池的保持能力,易获得均匀的熔深。脉冲钨极惰性气体保护电弧焊的焊接参数选定后,熔池体积和熔深几乎不受焊件厚度的影响,这是区别于普通惰性气体保护电弧焊的一个重要特点。适用于薄板全位置焊接。

(2)每个焊点可以快速加热和冷却,所以适用于焊接导热性能和厚度差别大的焊件。

(3)脉冲钨极惰性气体保护电弧焊可以用较低的焊接热输入获得较大的熔深,所以同样条件下能减小焊接热影响区和焊件变形,对焊接薄板、超薄板尤为重要。

(4)焊接过程中熔池金属冷凝快,高温停留时间短,可以减小热敏感材料焊接时产生裂纹的倾向。

2.2.3　引弧及稳弧装置

2.2.3.1　引弧装置

手工钨极惰性气体保护电弧焊因氩气的电离电位较高,不易被电离,因此给引弧造成一定困难。提高空载电压虽然能改善引弧条件,但对人身安全不利,所以一般在焊接电源上加入引弧装置解决引弧的问题。通常在交流电源中接入高频振荡器,在直流电源中接入高压脉冲引弧器。

1.高频振荡器

高频振荡器可输出 2 000～3 000 V、150～250 kHz 的高频高压电,其功率很小(100～200 W)。由于输出电压很高,能在电弧空间产生很强的电场,一方面加强了阴极发射电子的能力,另一方面电子和离子在电弧空间被强电场加速,动能很大,碰撞时使氩气容易电离,因此克服了焊件电子热发射能力差和氩气电离电位高,不易电离的困难,使引弧容易。当钨极和焊件距离在 2 mm 左右时,能击穿气隙,使电弧引燃。

这种非接触引弧的特点是:钨极与焊件不接触就能在施焊点直接引燃电弧,钨极端头损耗小;引弧处焊接质量高,不会产生夹钨缺陷。缺点是焊机构造较复杂,且在焊接区域周围瞬间会产生高频电磁场,接触人体会产生感应的脉冲电流,对焊接操作工的健康有一定影响。但对于直流氩弧焊机,由于引弧时间较短,高频电磁场在几秒内就消失,所以影响并不大。

2.高压脉冲引弧器

高压脉冲引弧器克服了高频振荡器的缺点,解决了交流手工钨极惰性气体保护电弧焊焊接铝、镁合金时,工件为负极性的半周内引燃电弧的难题。

高压脉冲引弧器由脉冲发生器和脉冲触发器两部分组成。它在工件为负极性的半周内,在空载电压瞬时值最大时,输出一个方向与空载电压相同的脉冲电压,使钨极与工件间的瞬时电压达到 2～3 kV,从而击穿气隙引燃电弧。

2.2.3.2　脉冲稳弧装置

交流手工钨极惰性气体保护电弧焊时,交流电弧燃烧的稳定性不如直流电弧,其主要原因是交流电源以 50 Hz 的交流电供应电弧电压和焊接电流,每秒内工件要发射 50 次电子,但工件发射电子的能力差,且每秒内焊接电流有 100 次经过零点,此时电子与正离子复合,使电弧放电空间的电离程度减弱,增加了电弧重新引燃的困难,甚至会熄弧。只有在交流电源上接稳弧装置,才能保证电弧稳定燃烧。

通常采用脉冲稳弧器来稳定交流手工钨极惰性气体保护电弧焊电弧。对脉冲稳弧器的要求是输出脉冲必须和焊接电流同步,即在焊接电流过零点处,负半周开始时(工件开始发射电子时),输出一个方向与焊接电源相同(两电压叠加后,产生一个更高的电压),有足够功率的稳弧脉冲。一般脉冲电压为 200～250 V,脉冲电流为 2 A 左右。

一般的交流手工钨极惰性气体保护电弧焊焊机的引弧脉冲和稳弧脉冲由同一个电路提供,由两个触发电路控制,在引弧之前只产生引弧脉冲,电弧引燃后只产生稳弧脉冲。

2.2.4　焊枪

2.2.4.1　焊枪的作用

焊枪是手工钨极惰性气体保护电弧焊必备的工具,其作用是装卡钨极、导通焊接电流、输出保护气体、启动或停止焊接过程。

优质手工钨极惰性气体保护电弧焊焊枪应能方便装卡和更换钨极;均匀喷出挺度好的保护气流,可靠地保护熔池;在额定状态下工作时发热量低,能满足焊接工艺要求。

1.焊枪的型号编制方法

焊枪的型号编制方法如下:

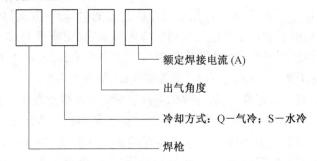

额定焊接电流(A)

出气角度

冷却方式:Q—气冷;S—水冷

焊枪

2.焊枪的结构及主要技术参数

手工钨极惰性气体保护电弧焊焊枪由炬体、钨极夹头、夹头套筒、绝缘帽、喷嘴、手柄和控制开关等组成,分为水冷、气冷两大类,焊接电流为10~500 A。

(1)水冷式手工钨极惰性气体保护电弧焊焊枪。

QS-85°/250型水冷式手工钨极惰性气体保护电弧焊焊枪分解图如图2.3所示。

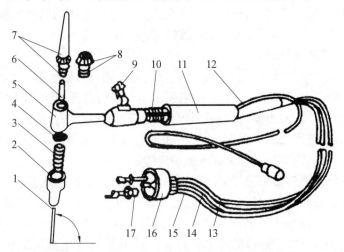

图2.3　QS-85°/250型水冷式手工钨极惰性气体保护电弧焊焊枪分解图

1—钨极;2—喷嘴;3—导电件;4、8—密封圈;5—炬体;6—钨极夹头;

7—盖帽;9—船形开关;10—扎线;11—手把;12—插头;13—进气皮管;

14—出水皮管;15—水冷电缆;16—活动接头;17—水电接头

水冷焊枪有以下特点。

①采用循环水冷却导电枪体及焊接电缆,可以大大增加导电部件的电流密度,减小质量,缩小焊枪体积,所以水冷焊枪一定有冷却水的进出水管。

②钨极利用轴向压力紧固,通过旋转电极帽盖,可以夹紧或放松钨极,装卸十分方便。

③每把焊枪带有几个不同直径的钨极夹头,可以配用不同直径的钨棒,以适应不同焊接电流的需要。

④每把焊枪都带高、矮不同两个长帽,可以适用于不同长度的钨棒(最长 160 mm)和不同场合的焊接。

⑤枪体的出气孔是一圈均匀分布的径向或轴向小孔,经均流后使保护气从喷嘴喷出时形成层流,能有效保护熔池,防止被氧化。

⑥焊枪手把上装有微动开关、按钮开关或船形开关,可以避免操作者手指的过度疲劳和失误影响焊接质量。

⑦为保证使用时的安全可靠,焊前必须接好电缆线和水管,保证焊接时冷却水顺利流过。

(2)气冷式手工钨极惰性气体保护电弧焊焊枪。

QQ-85/150-1 型气冷式手工钨极惰性气体保护电弧焊焊枪分解图如图 2.4 所示。

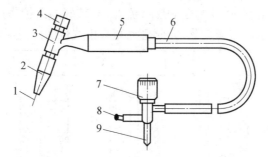

图 2.4　QQ-85/150-1 型气冷式手工钨极惰性气体保护电弧焊焊枪分解图
1—钨极;2—喷嘴;3—枪体;4—短帽;5—手把;
6—电缆;7—气开关手轮;8—通气接头;9—通电接头

气冷焊枪有以下特点。

①气冷焊枪直接利用保护气流带走导电部件的热量。设计时适当减小了导电部件的电流密度,因此没有冷却水系统,相对减小了焊枪的质量,所以特别适用于高空、无水地带或水易结冰的北方地带。

②气冷焊枪只有一根进气管,它包围着电缆,结构简单,使用方便。

③使用时应避免超载,应按照焊接电源的负载持续率和额定焊接电流选用焊枪。

④需连续使用较大的电流进行焊接时,最好配备两把焊枪,轮换使用,以延长焊枪寿命。

3. 手工钨极惰性气体保护电弧焊焊枪的选用

选择手工钨极惰性气体保护电弧焊焊枪时,应考虑焊接材料、工件厚度、焊道层次、焊接电流的极性接法、额定焊接电流及钨极直径、接头坡口形式、焊接速度、接头空间位置和经济性等因素。

2.2.5 喷嘴

每种焊枪都配备了不同形状和孔径的喷嘴,目前采用的喷嘴有圆柱形和圆锥形两种。圆柱形喷嘴因形状简单,加工容易,保护效果好,应用较广;圆锥形喷嘴仅用于深坡口打底处或焊接空间较小的地方。喷嘴的材料有陶瓷、紫铜和石英三种。高温陶瓷喷嘴既绝缘又耐热,而且制造简单,应用非常广泛,但通常焊接电流不能超过 300 A,使用时要小心,不能摔碰,否则极易损坏;紫铜喷嘴焊接电流可达 500 A 甚至更高,要求焊枪体上有绝缘套,使喷嘴与导电部分绝缘,长时间使用大功率焊枪,除枪体外,喷嘴最好也用水冷却;石英喷嘴具有陶瓷喷嘴的优点,除耐高温外,可见性好,但价格较贵,应用较少。

喷嘴的结构形状与尺寸对喷出气体的流态及保护效果有重大影响,选择时应满足如下要求。

(1)喷嘴内的气流通道应光滑均匀。

(2)能以较小的保护气消耗量获得最好的保护效果。

(3)结构简单,容易加工,便于焊接操作。

喷嘴出口形状归纳起来有三种,如图 2.5 所示。圆柱形喷嘴由于气体流过时不会因截面变化而引起流速变化,因此易建立层流流态,有较好的保护作用;而收敛形和扩张形喷嘴由于气流流过时引起流速变化,因此会缩短喷出气流的层流区和减小保护作用范围。

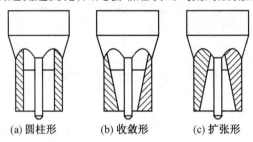

(a) 圆柱形　　　(b) 收敛形　　　(c) 扩张形

图 2.5　喷嘴出口形状

同时为了保证喷出的保护气在出口处获得较厚的层流区,取得较好的保护效果,要求喷嘴孔径和长度满足以下关系:

$$D = (2.5 \sim 3.5) d_w$$
$$l_0 = (1.4 \sim 1.6) D + (7 \sim 9)$$

式中,D 为喷嘴出口内径,mm;d_w 为钨极直径(未打磨处),mm;l_0 为喷嘴长度,mm。

2.2.6 钨极

由于钨的熔点高达 3 410 ℃,沸点高达 5 900 ℃,能耐高温,导电性好,强度高,因此是不熔化极常用的电极材料。含不同合金元素的钨合金的性能比纯钨好,应用更广泛。

2.2.6.1 钨极的型号及成分

目前我国钨极标准为 GB/T 32532—2016《焊接与切割用钨极》,规定了钨极的型号和化学成分。

举例:铈钨极

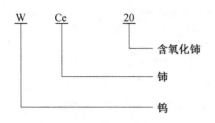

举例:钍钨极

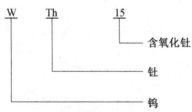

常用钨极按化学成分分为七类,即纯钨极、钍钨极、铈钨极、锆钨极、镧钨极、复合钨极以及自定义钨极,见表2.2。纯钨的熔点和沸点都很高,电流承载能力较低,抗污染能力差,要求焊机空载电压较高,价格较低,一般用于要求不严的情况,目前很少采用。钍钨极含氧化钍,电子发射能力较强,可降低空载电压,增大许用电流范围,引弧容易,电弧稳定,电极寿命长,且抗污染能力较好,但具有微量放射性,且成本较高。现在普遍推荐使用铈钨极,它含氧化铈,电子发射能力较钍钨极高,引弧电压低,电弧稳定。正极性时,许用电流密度比钍钨极高5%～8%,交流许用电流密度高,寿命长,放射性极低,所以推荐使用。

表2.2 钨极化学成分及颜色标识

分类		化学成分要求				颜色、编码（RGB）
		加入的氧化物		杂质质量分数 /%	钨质量分数 /%	
		氧化物	质量分数/%			
纯钨电极	WP	—		≤0.1	≥99.9	绿色 #008000
铈钨电极	WCe20	CeO_2	1.8～2.2	≤0.1	余量	灰色 #808080
镧钨电极	WLa10	La_2O_3	0.8～1.2	≤0.1	余量	黑色 #000000
	WLa15	La_2O_3	1.3～1.7	≤0.1	余量	金色 #FFD700

续表2.2

分类		化学成分要求				颜色、编码（RGB）
		加入的氧化物		杂质质量分数/%	钨质量分数/%	
		氧化物	质量分数/%			
钍钨电极	WLa20	La_2O_3	1.8～2.2	≤0.1	余量	蓝色 #0000FF
	WTh10	ThO_2	0.8～1.2	≤0.1	余量	黄色 #FFFF00
	WTh20	ThO_2	1.7～2.2	≤0.1	余量	红色 #FF0000
	WTh30	ThO_2	2.8～3.2	≤0.1	余量	紫色 #EE82EE
锆钨电极	WZr3	ZrO_2	0.15～0.20	≤0.1	余量	棕色 #A52A2A
	WZr8	ZrO_2	0.7～0.9	≤0.1	余量	白色 #FFFFFF
复合钨电极	WX10	CeO_2、Y_2O_2、La_2O_3 等	0.8～1.2	≤0.1	余量	淡绿色 #98FB98
	WX20	CeO_2、Y_2O_2、La_2O_3 等	1.8～2.2	≤0.1	余量	黄绿色 #9ACD32
	WX30	CeO_2、Y_2O_2、La_2O_3 等	2.8～3.2	≤0.1	余量	中绿色 #66CDAA
	WX40	CeO_2、Y_2O_2、La_2O_3 等	3.8～4.2	≤0.1	余量	橄榄绿色 #808000
自定义钨电极	WG	制造商规定		≤0.1	余量	制造商规定

2.2.6.2 钨极的直径和形状

钨极的直径和端部形状对焊接过程稳定性和焊缝成形有很大影响。钨极直径的选择要根据焊件种类、厚度和焊接电流来决定。

常用钨极直径有 0.5 mm、1.0 mm、1.6 mm、2.0 mm、2.5 mm、3.2 mm、4.0 mm、5.0 mm、6.3 mm、8.0 mm、10.0 mm 共 11 种，长度范围为 76~610 mm。钨极表面不允许有疤痕、裂纹、缩孔、毛刺和非金属夹杂物等缺陷。

2.2.6.3 钨极的打磨与存放

1. 钨极的打磨

为提高电弧的稳定性，通常钨极端部需要根据电流大小磨成圆锥形或半圆形，有的钨棒有放射性（如钍钨、铈钨等），因此磨钨棒时最好戴手套、口罩和帽子，磨完钨棒后要洗手，磨钨棒的砂轮机最好有吸尘系统，磨屑不要乱扔。

TS-PLUS+型钨极磨尖机如图 2.6 所示，该机是手提式钨极专用磨尖机，可以在工作现场使用，一机多用，可磨削、切断和平头，实现多规格多角度加工。

T 磨头：磨削直径为 1.0~4.0 mm，磨削角度为 15°~30°，最大切断长度为 58 mm。

P 磨头：磨削直径为 2.4~4.8 mm，磨削角度为 30°~60°，最大切断长度为 58 mm。

TS-PLUS+型钨极磨尖机具有如下优点。

(1) 磨削效率高，质量好，角度精确，光洁度高，重复使用性好。

(2) 防尘结构，健康环保。粉尘收集功能减少粉尘对操作者损伤，收集的粉尘集中排放，减少环境污染。

(3) 高转速带来高光洁度，65~70 dB 低噪声带来高舒适度。

(4) 短钨针也可夹持。根据磨削角度不同，最短可夹持 30~40 mm 短钨针，减少浪费。

(5) 便携包装尺寸 395 mm×315 mm×135 mm，包装质量 3.5 kg。

(6) 人体工程学设计。符合人体工程学纤细腰身设计，握手处周长仅 170 mm，可单手握持。

图 2.6 TS-PLUS+型钨极磨尖机

2. 钨极的存放

当存放的钨棒数量较大时，最好放在铅盒中保存，以免放射线对人体造成伤害。

2.2.7　氩气流量调节器(氩气表)

2.2.7.1　氩气

1. 氩气的性质

氩气是一种无色、无味的单原子气体,是空气中含量最多的惰性气体,熔点为 $-189.2\ ℃$,沸点为 $-185.7\ ℃$ 。氩气在常温下与其他物质不发生化学反应,在高温下也不溶于液态金属,故用作保护气体是十分合适的,在焊接有色金属时更能显示其优越性。

氩气的质量是空气的 1.4 倍,是氦气的 10 倍,氩气比空气重,因此氩气能在熔池上形成一层较好的覆盖层。此外在焊接过程中用氩气保护时,产生的烟雾较少,便于控制电弧和观察熔池。

氩气是单原子气体,在高温下离解为正离子和电子,因此能量损耗低,对电弧的冷却作用小,故电弧燃烧稳定性好。

氩气对电极也有一定的冷却作用,可提高电极的许用电流值。

由于氩气的密度大,可以形成稳定的保护气流,故有良好的保护性能。同时电离后产生的正离子质量大,动能也大,对阴极的冲击力强,具有强烈的阴极破碎作用,特别适合于焊接活泼金属。

氩气对电弧的热收缩效应较小,电弧的电位梯度和电流密度不大,维持电弧燃烧的电压较低,一般 10 V 即可。故焊接时拉长电弧,其电压改变不大,电弧不易熄灭,对手工钨极惰性气体保护电弧焊非常有利。

2. 氩气的纯度

焊接保护气对焊接质量有重要影响,用于焊接保护的气体应选择高纯氩气。氩气的纯度、检验和标识等,应满足 GB/T 4842—2017 对高纯氩的要求。

氩气是制氧的副产品。氩气的沸点介于氧、氮之间,差值很小,所以在氩气中常残留一定数量的其他杂质,按我国现行规定,其纯度应达到 99.997%,具体技术要求见表 2.3。如果氩气中的杂质含量超过规定标准,在焊接过程中不但对熔化金属的保护产生影响,而且极易使焊缝产生气孔、夹渣等缺陷,使焊接接头质量变差,并使钨极的烧损量增加。

表 2.3　氩气纯度的技术要求

项目名称		指标	
		高纯氩	纯氩
氩(Ar)纯度(体积分数)/10^{-2}	≥	99.999	99.99
氢(H_2)含量(体积分数)/10^{-6}	≤	0.5	5
氧(O_2)含量(体积分数)/10^{-6}	≤	1.5	10
氮(N_2)含量(体积分数)/10^{-6}	≤	4	50
甲烷(CH_4)含量(体积分数)/10^{-6}	≤	0.4	5
一氧化碳(CO)含量(体积分数)/10^{-6}	≤	0.3	5
二氧化碳(CO_2)含量(体积分数)/10^{-6}	≤	0.3	10
水分(H_2O)含量(体积分数)/10^{-6}	≤	3	15

注:液态氩不检测水分含量。

2.2.7.2　氩气瓶

氩气可以在低于-184 ℃的温度下以液态形式储存和运送,但焊接用氩气大多装入钢瓶中使用。氩气瓶是一种钢质圆柱形高压容器,其外表面涂成灰色并注有绿色"氩气"标志字样。目前我国常用氩气瓶的容积为 33 L、40 L、44 L,最高工作压力为 15 MPa。氩气瓶在使用中严禁敲击、碰撞;瓶阀冻结时,不得用火烘烤;不得用电磁起重搬运机搬运氩气瓶;夏季要防日光曝晒;瓶内气体不能用尽;氩气瓶一般应直立放置。

2.2.7.3　氩气流量调节器

氩气瓶最高充气压力高达 15 MPa,而焊接时所需氩气的工作压力很低,因此需通过一个减压阀将高压氩降至工作所需压力,而且使气瓶中高压降低后,输出氩气的工作压力和流量稳定,能保证焊接过程的正常进行。氩气流量调节器不仅能起到降压和稳压作用,还能方便调节氩气流量。

国产 AT-15-30 型氩气流量调节器由进气压力表、减压过滤器、流量表和流量调节器等组成,外形如图 2.7 所示,其技术数据见表 2.4。

如果没有专用的氩气流量调节器,可以用氧气表来降压和稳压,通过浮子流量计来测定和调节流量,但使用前需标定浮子流量计的刻度,否则测出的流量不准。

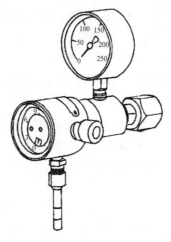

图 2.7　AT-15-30 型氩气流量调节器

表 2.4　AT-15-30 型氩气流量调节器技术数据

最低进口压力	不低于工作压力的 2.5 倍		
输出工作压力	0.4 ~ 0.5 MPa		
最高输入压力	15 MPa		
输出流量调节范围	AT-15:0 ~ 15 L/min; AT-30:0 ~ 30 L/min		
压力表形式	弹簧管式 YO-60		
进口接头尺寸	G5/8	出气孔口径	$\phi 36$ mm
外形尺寸	150 mm×68 mm×168 mm	质量	810 g

2.3 手工钨极惰性气体保护电弧焊焊接参数对焊接接头质量的影响

手工钨极惰性气体保护电弧焊的主要焊接参数有焊接电流、焊接电弧电压、焊接速度、焊接极性、电弧长度、钨极、焊接保护气流量及背保气体等。本节介绍焊接参数及其他因素对焊缝成形和质量的影响。

2.3.1 焊接电流

焊接电流取决于母材的种类、管壁厚度、焊接速度和保护气体的物理特性,其选用原则是保证焊缝全焊透。

对于奥氏体不锈钢的焊接,按经验数据,壁厚每增加 0.1 mm,焊接电流提高 4 A。焊接厚为 0.8 mm 的管-管对接接头时,焊接电流应为 32 A。

当采用脉冲电流时,应设定四个参数:峰值电流、基值电流、脉冲宽度(持续时间)和脉冲频率。峰值电流与基值电流的比值一般在 2∶1~5∶1,通常选用 3∶1。

脉冲宽度取决于被焊材料的热敏感性,并应随热敏感性的提高而减小,常用脉冲宽度为 20%~50%,通常取 35%。

脉冲频率取决于所要求的相邻焊点的搭接量,通常约为 75%。在薄壁管焊接时,脉冲频率与焊接速度成正比,比例系数约为 25。如焊接速度为 125 mm/min,脉冲频率应为 5 Hz。

焊接电流大小是决定焊缝熔深的主要参数,并与焊丝的熔化量基本成正比。焊接电流越大,母材的熔化量越多,熔深越大。在相同的焊丝直径、电弧电压和焊接速度的条件下,焊接电流增加时,熔深增大,焊缝宽度与余高稍增加,但增加得很少。

焊接电流增大时,应相应增大电弧电压,否则焊缝的熔深增大,熔宽略增,形成窄而深的焊缝,即焊缝成形系数变小,容易产生气孔和热裂纹。但注意焊接电流过大时,容易引起烧穿、焊漏和产生裂纹等缺陷,且焊件的变形大,焊接过程中飞溅也很大;而焊接电流过小时,容易产生未焊透、未熔合和夹渣等缺陷以及焊缝成形不良。焊接电流与焊缝成形关系如图 2.8 所示。

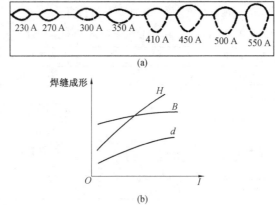

图 2.8 焊接电流与焊缝成形关系图
H—焊缝厚度;B—焊缝宽度;d—余高;I—焊接电流

2.3.2　焊接电弧电压

2.3.2.1　电弧长度和焊接电压关系

电弧长度是指钨极末端到熔池表面的距离。

随着电弧长度增大，电弧电压也增大，焊缝宽度加宽，而背面焊透高度减小。当电弧长度太长时，容易产生焊不透等缺陷，从而氩气保护不好发生氧化现象。所以，在保证电极不短路、不影响送丝操作的情况下，尽量采用短弧焊接。

钨极惰性气体保护电弧焊的电弧长度和焊接电压呈近似线性关系，电弧越长则焊接电压越高，反之亦然。

2.3.2.2　电弧电压与焊缝成形关系

钨极惰性气体保护电弧焊的电弧电压越高，熔深越浅，熔宽越宽，反之亦然。

焊接电压与焊缝成形关系如图2.9所示。

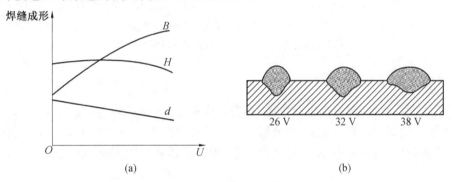

图2.9　焊接电压与焊缝成形关系图

H—焊缝厚度；B—焊缝宽度；d—余高；U—焊接电压

2.3.3　焊接速度

焊接速度取决于被焊材料在熔化状态下的流动性和管壁厚度，常用的焊接速度为 $100 \sim 250$ mm/min，管壁越薄，焊速越快。

焊接速度对焊缝成形和焊接接头的性能都有很大影响。在其他焊接参数不变时，增大焊接速度会使电弧对单位长度焊接接头的热输入减小，导致熔深减小，熔宽变窄；同时单位长度焊接接头上焊丝熔敷量减小，焊缝宽度和余高也有所减小，容易产生咬边、未熔合、未焊透、焊缝高而窄和两侧熔合不好等缺陷，甚至由于保护气体性能变差而产生气孔。如果焊接速度过小，导致焊缝宽度增大，易产生烧穿、焊瘤等缺陷；另外还会降低生产率，增大焊接变形。

手工钨极惰性气体保护电弧焊通常是焊接人员根据熔池的大小、熔池形状和两侧熔合情况随时调整焊接速度。选择焊接速度时，应考虑以下因素。

①在焊接铝及铝合金以及高导热性金属时，为减少变形，应采用较快的焊接速度。

②焊接有裂纹倾向的合金时，不能采用高速度焊接。

③在非平焊位置焊接时，为保证较小的熔池，避免铁水下流，尽量选择较快的焊速。

焊接速度与焊缝成形关系如图 2.10 所示。

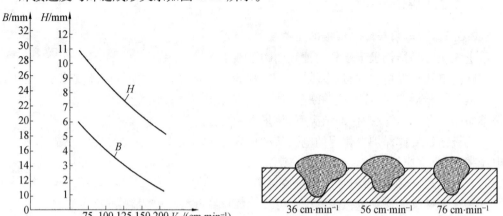

(a)　　　　　　　　　　　　(b)

图 2.10　焊接速度与焊缝成形的关系图

H—焊缝厚度；B—焊缝宽度；V—焊接速度

2.3.4　焊接极性

　　工件接电源正极,焊枪接电源负极,称为直流正接法(DCEN),如图 2.11 所示。对于焊接不锈钢、低碳钢等黑色金属,钨极惰性气体保护电弧焊应采用直流正接法,其特点是与直流反接相比,电弧集中,阳极加热面积小,所以焊缝窄而深,热影响区小。

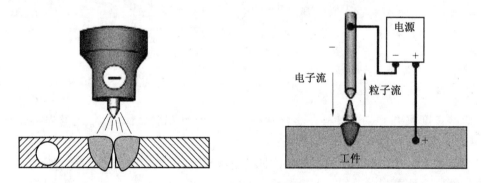

图 2.11　直流正接法

2.3.5　电弧长度

　　电弧长度即钨极尖端至焊件表面的距离,它取决于焊接电流、电弧的稳定性和两对接管的同心度或椭圆度。为了获得优质的焊缝,电弧长度必须保持恒定,按照经验,在薄壁管对接的自熔钨极惰性气体保护电弧焊中,电弧长度应为管壁厚度的($l/2+0.25$) mm。例如,管壁厚度为 5.0 mm,电弧长度应为 2.75 mm。

2.3.6　氩气流量

氩气流量是影响焊缝熔池保护性能的重要因素,氩气流量的大小与焊接速度、电弧长度、喷嘴直径、钨极外伸长度以及接头形状等因素有关。随着焊接电流和电弧长度以及喷嘴直径和钨极外伸长度的增大,气体流量也要相应增大,否则氩气保护性能变差,以致失去保护性能。

在一定条件下,保护气体的流量和喷嘴直径有一个最佳配合范围,此时气体保护效果最好,有效保护区也最大。

对于一定孔径的喷嘴,流量过小,气流速度过低,排除周围空气的能力弱,轻微的侧向风也能使其偏离和散乱,保护效果不好,会产生大颗粒飞溅,电弧不稳,焊缝易产生气孔;但流量过大,喷出的气流近壁层流很薄(甚至为紊流),易混入空气,保护效果不好。保护气体流量合适时,熔池平稳,表面明亮没有渣,焊缝外形美观,表面没有氧化痕迹;若流量不合适,熔池表面上有渣,焊缝表面发黑或有氧化皮。

在流量一定时,喷嘴的孔径过小,保护范围小,因气流速度过高而形成紊流;喷嘴的孔径过大,不仅妨碍焊接人员观察焊缝及熔池的视线,而且由于孔径过大,气流速度过低,挺度小,保护效果也不好。

通常选定焊枪后,喷嘴直径很少改变,因此实际生产中并不把它当作独立焊接参数来选择。当喷嘴直径决定后,决定保护效果的是氩气流量。氩气流量太小时,保护气流软弱无力保护效果不好;氩气流量太大,容易产生紊流,保护效果也不好,氩气流量太大带走电弧区的热量也多,不利于电弧的稳定燃烧;保护气体流量合适时,喷出的气流是层流,保护效果好。可按下式计算氩气的流量:

$$Q = (0.35 \sim 0.85) D$$

式中,Q 为氩气流量,L/min;D 为喷嘴内径,mm。D 小时 Q 取下限;D 大时 Q 取上限。

选择氩气流量时还要考虑以下因素。

①外界气流和焊接速度的影响。焊接速度越大,保护气流遇到空气阻力越大,它使保护气体偏向运动的反方向;若焊接速度过大,将失去保护。因此在增加焊接速度的同时应相应增加气体流量。

在有风的地方焊接时,应适当增加氩气流量,一般最好在避风的地方焊接。

②焊接接头形式的影响。对接接头和 T 型接头焊接时,具有良好的保护效果,在焊接这类焊件时,不必采取其他工艺措施;而进行端头焊接及端头角焊接时,除增加氩气流量外,还应加挡板。

2.3.7　钨极

2.3.7.1　钨极分类

①纯钨(WP)。直流焊时,引弧相对较差,易形成光滑的球端,但电流负载能力低。

②钍钨(WT)。引弧容易,有更高的电流负载能力,但稍带放射性。

③铈钨(WC)。性能等同钍钨,但无放射性。

④镧钨(WL)。比钍钨或铈钨有更强的使用寿命,但引弧性能不好。

2.3.7.2 钨极直径

钨极直径决定了其电流的承载能力。如果焊接电流低于承载电流,由于电流密度低,钨极端部温度不够,电弧会在钨极端部不规则的飘移,电弧不稳定从而破坏氩气保护区,使熔池被氧化;如果焊接电流高于极限电流,由于电流密度太高,钨极端部温度大于钨极熔点,钨极端部出现熔化迹象,端部很亮,当电流继续增大时,熔化的钨极在端部形成一个小尖状突起,逐渐变大形成熔滴,电弧随熔滴尖端飘移,很不稳定,不仅会破坏氩气保护区,使熔池被氧化,焊缝成形不好,熔化的钨滴落入熔池后还会产生夹钨缺陷。合金钢及不锈钢打底时,电流采用直流正接,钨极直径一般采用 2 ~ 3 mm。

2.3.7.3 钨极端部形状

钨极端部形状如图 2.12 所示,钨极端部形状对电弧稳定、焊缝成形有重要影响。钨极端头的形状要根据焊件的熔透程度和焊缝成形的要求来选定,钨极端头直径越小,电弧呈伞形倾向越大,端头烧损也越严重,焊缝成形越不均匀;随着钨极端头直径的增大,则电弧柱状倾向变大,电弧集中而稳定,但是当钨电极端头直径增大到一定的数值之后,电弧反而会发生瓢动不稳的现象,此时焊缝成形也不均匀。常用的钨极端头形状与电弧稳定性关系见表 2.5 和表 2.6。

(a) 直流反接时 (b) 直流正接时 (c) 交流时

图 2.12 钨极端部形状

表 2.5 常用钨极端头形状与电弧稳定性关系

钨极端头形状	≈90°	≈30°, ≈20 (D)	D, d	D
钨极种类	铈钨或钍钨	铈钨或钍钨	纯钨极	铈钨或钍钨
电流极性	直流正接	直流正接	交流	直流正接
适用范围	大电流	小电流用于窄间隙薄板的焊接	铝、镁及其合金的焊接	直径小于 1 mm 的细钨丝电极连续焊
燃弧情况	稳定	稳定	稳定	良好

表 2.6 电流与钨极端头形状

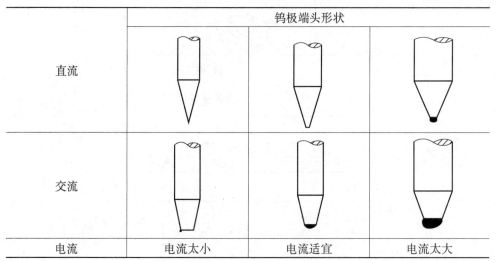

	钨极端头形状		
直流			
交流			
电流	电流太小	电流适宜	电流太大

2.3.8 背保气体

对碳钢、低合金钢和低合金耐热钢,原则上焊件背面可以不用氩气保护,但对高合金钢(例如不锈钢)、铝及铝合金、镍及镍合金、钛及钛合金和紫铜等,焊件背面均应采用氩气保护,防止背面氧化。

2.4 手工钨极惰性气体保护电弧焊焊接常见缺陷及预防措施

手工钨极惰性气体保护电弧焊的焊接人员在操作过程中,由于焊枪角度或电弧长度的稳定性等因素掌握不好会出现气孔、焊瘤及未焊透、背面焊缝严重氧化、夹渣、夹钨、咬边、弧坑裂纹、内凹和未熔合等焊接缺陷。

2.4.1 气孔常见焊接缺陷及预防措施

气孔是指焊接时,熔池中的气泡在凝固时未能逸出而残留下来所形成的空穴。气孔会减少焊缝的有效面积,降低焊缝的承载能力,造成应力集中;当与其他缺陷构成贯穿性缺陷时,会破坏焊缝的致密性;连续气孔是导致结构破坏断裂的重要原因。

气孔的种类有以下几种划分方式。

(1)根据气孔存在的位置,可以将气孔分为内部气孔(存在于焊缝内部)和外部气孔(开口于焊缝表面的气孔),如图 2.13 所示。

(2)根据气孔的分布状态及数量,可以将气孔分为疏散气孔、密集气孔和连续气孔。

(3)根据气孔形状,可以将气孔分为密集气孔、条虫状气孔和针状气孔等,如图 2.14 所示。

(4)根据产生气孔的气体种类,可以将气孔分为氢气孔、一氧化碳气孔和氮气孔等。

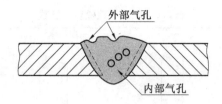

图 2.13　按气孔存在的位置分类

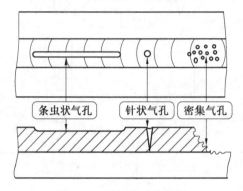

图 2.14　按气孔形状分类

本节将详细介绍氢气孔、一氧化碳气孔和氢气孔产生原因及预防措施。

2.4.1.1　氢气孔产生原因及预防措施

1. 氢气孔产生原因

氢气孔常出现于焊缝表面,断面多为螺钉状;当存在焊缝内部时,断面则为圆形或椭圆形,并且在气孔的四周有光滑的内壁。

在电弧的高温作用下,H_2 分解为原子,并以原子或阳离子的形式溶解于金属熔池中,温度越高,金属溶解气体的量越多,促使金属为氢所饱和。在冷凝结晶过程中,氢在金属中的溶解度急剧下降,金属从液态转变为固态时,氢的溶解度从 28 mL/100 g 降至 10 mL/100 g,使金属呈氢的过饱和状态,此时便有氢析出,析出的氢原子在遇到非金属夹杂时,积聚形成气泡向外排出,在焊缝冷却过程中,来不及浮出的氢便形成气孔,如图 2.15 所示。

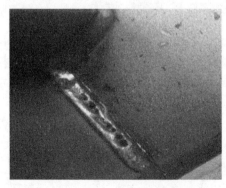

图 2.15　氢气孔

2. 产生氢气孔的影响因素

（1）焊接区域不洁净，存在较高含氢杂质（如油污、铁锈等）。

（2）焊接材料（焊丝）潮湿或生锈。

（3）保护气体不纯，存在较多水分。

（4）气路有泄漏，氩气流量过大或过小，不符合工艺规范要求的流量。

（5）钨极伸出长度过长，喷嘴直径过小。

（6）施焊的周围有强空气气流流动，影响电弧稳定燃烧和氩气的保护作用。

（7）焊接参数的影响，如电流过大或过小、电压过高等。

（8）施焊过程中，焊枪运作不规范，电弧忽长忽短或焊枪角度不正确等。

电弧区的氢主要来自焊丝、工件表面的油污及铁锈以及气体中所含的水分，油污为碳氢化合物，铁锈中含有结晶水，两者在电弧高温下都能分解出氢气；气体中的水分是引起氢气孔的主要原因。

3. 预防措施

减少熔池中氢的溶解量，不仅可以防止氢气孔，还可以提高焊缝金属的塑性。所以，焊前要适当清除工件和焊丝表面的油污及铁锈，零部件大部分需要用到氧乙炔切割，如有涉及焊接区域也要注意清除氧化层；空调机组框架有双面单道接的情况，在单面焊接完后，如没有严格按照焊接工艺规程操作进行背面清根，也是比较容易出现氢气孔。

焊接人员领用焊丝，没用完下班前应将剩余的焊丝回收至焊材室。

2.4.1.2　氮气孔产生原因及预防措施

1. 氮气孔产生原因

氮气孔的来源一是空气侵入焊接区；二是气体不纯。

焊缝中产生氮气孔的主要原因是保护气层遭到破坏，大量空气侵入焊接区所致。造成保护气层失效的因素有过小的气体流量；因为核电产品严禁使用防飞溅剂，喷嘴被飞溅物部分堵塞；喷嘴与工件的距离过大；焊接场地有侧向风等。

工艺因素对气孔的产生也有影响，电弧电压越高，空气侵入的可能性越大，越可能产生气孔。焊接速度主要影响熔池的结晶速度，焊接速度慢，熔池结晶也慢，气体容易逸出；焊接速度快，熔池结晶快，则气体不易排出，易产生气孔，如图 2.16 所示。

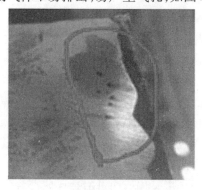

图 2.16　氮气孔（见部分彩图）

2. 产生氮气孔的影响因素

（1）母材不洁。

（2）焊丝有锈或焊药潮湿。

（3）定位焊不良，焊丝选择不当。

（4）钨极长度太长，气体保护不周密。

（5）风速较大，无挡风装置。

（6）焊接速度太快，冷却快速。

（7）火花飞溅粘在喷嘴，造成气体乱流。

（8）气体纯度不良，含杂物多（特别含水分）。

（9）设备不良。

（10）焊工操作技能的因素。

施焊时电弧要平稳，电弧高度尽量保持一致。引燃电弧后，当调整焊枪角度时，电弧长度应保持不变，严禁忽高忽低，防止气体瞬间进入熔池产生气孔，同时注意观察熔池变化，提高对气孔的排出能力。

3. 预防措施

（1）环境。

当焊接场地风速超过 2 m/s 时，应设置必要的防风措施。气体流量小，容易混入空气；气体流量过大，带入空气。

焊接电弧在 1 m 范围内的温度低于露点温度时，应采取相应的措施，否则应停止焊接活动。

（2）焊材。

加强焊材的管理，所有药芯焊丝（包括拼装组焊的药芯焊丝）使用完，在下班前将剩余焊丝交还焊材室保管，需要使用时再领用。

（3）焊接人员。

加强对焊接人员素养的培训，焊接人员要按三生产（按图纸、按工艺、按技术）要求进行焊接活动，不要凭经验进行焊接活动，焊接前详细阅读焊接工艺规程，确保母材焊接区域无油污、油漆和锈，去除氧化膜、水分。焊枪喷嘴无堵塞；焊接过程中清除层间焊渣、飞溅和不良成型；焊后检查和清渣。

起弧和收弧均使用回焊法。

2.4.1.3 一氧化碳气孔产生原因及预防措施

1. 一氧化碳气孔产生原因

一氧化碳气孔一般出现在焊缝内部，并多沿结晶方向分布，常呈条虫状，表面光滑。一氧化碳气体主要来源于冶金反应，又称为反应型气孔。

在焊接铁碳合金时，电弧气氛中的一氧化碳的含量（质量分数）较高，电弧中的一氧化碳主要来自焊丝、药皮和焊接熔池。

在焊接熔池中，碳被空气直接氧化或通过冶金反应都会生成一氧化碳，即

$$C + O \Longrightarrow CO$$

$$FeO + C \Longrightarrow CO + Fe$$

碳被氧化的反应是吸热反应,当温度升高时,反应向着生成一氧化碳的方向进行。上述两个反应在熔滴过渡过程中都能进行,由于一氧化碳不溶解在液体金属中,当反应向生成一氧化碳方向进行时,一氧化碳会以气泡的形式从熔池中析出,大部分一氧化碳是在液态熔池温度较高时,并离其凝固还有一段时间内形成的,即焊接时形成的一氧化碳大部分从液体金属排出到大气中去。

随着反应的进行,熔池中氧化亚铁和碳的含量降低,同时随着熔池温度的下降,上述反应也减慢下来,直至停止。

但是当焊接熔池开始结晶或在结晶过程中,由于钢中的碳及氧化亚铁容易偏析,使氧化亚铁和碳的含量在局部增多,虽然是冷却过程,但浓度的增加会使上述反应继续进行,生成一氧化碳。此时金属黏度增大,吸热反应又加速了冷凝结晶速度,使一氧化碳气泡来不及排出形成气孔,如图 2.17 所示。

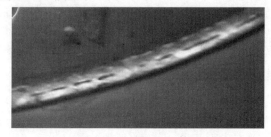

图 2.17　一氧化碳气孔

2. 产生一氧化碳气孔的影响因素

(1)焊接区域存在氧化皮、铁锈等含氧杂质。

(2)使用脱氧元素较少的焊接材料。

(3)焊接材料的含碳量较高。

(4)焊接热输入过小。

3. 预防措施

如果焊丝中含有足够的脱氧元素 Si 和 Mn,以及限制焊丝中的含碳量,就可以抑制上述的还原反应,有效防止一氧化碳气孔产生。只要焊丝选择适当,产生一氧化碳气孔的可能性很小。

2.4.2　焊瘤及未焊透

焊接电流、根部间隙和熔孔过大,焊接电弧在局部停留时间过长,均易产生焊瘤;反之,则易产生未焊透。

2.4.3　背面焊缝严重氧化

为防止氧化,焊接高合金钢或奥氏体不锈钢时,试件背面要充氩保护。若背面焊缝充氩保护装置未能起良好保护作用,或者在施焊过程中热输入较大,焊缝背面都会产生氧化。

2.4.4 夹渣和夹钨

（1）收弧时，焊丝端头在高温的熔池状态下，快速脱离氩气保护区，在空气中被氧化，焊丝端头颜色变黑，焊丝表面产生氧化物；当再次焊接时，被氧化的焊丝端头未经清理，又送入熔池中，氧化物的凝固速度快，未完全从熔池中脱出，试管在做断口试验时被判为夹渣。

（2）钨极长度伸出量过大，焊枪操作不稳定，钨极与焊丝或熔池相碰后，焊接人员又未能立即终止焊接，及时清理钨粒，从而造成夹钨。

2.4.5 咬边

焊接时，焊枪移动不平稳，电弧过长；焊枪做锯齿形摆动时，坡口面两边停留时间短，而且未能保证供给一定的送丝量。

2.4.6 弧坑裂纹

收弧时，熔池体积较大，温度高，冷却速度快。

2.4.7 内凹

内凹产生的原因主要有以下几种。

（1）装配根部间隙较小，施焊过程中焊枪摆动幅度过大，致使电弧热量不能集中于根部，产生背面焊缝低于试件表面的内凹缺陷。

（2）送丝时，未能对准熔孔部位进行正确的"点－送"操作程序。

2.4.8 未熔合

未熔合产生的原因主要有以下几种。

（1）焊接电流过小，焊枪角度不正确。

（2）立位焊接时，焊枪横向摆动到坡口边缘时，未做必要的停留，以及节点的根部间隙过大等，如图2.18所示。

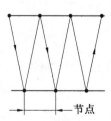

图2.18 节点示意图

手工钨极惰性气体保护电弧焊的常见缺陷、问题及其预防措施见表2.7。

表2.7 手工钨极惰性气体保护电弧焊的焊接缺陷、问题及预防措施

缺陷和问题	产生原因	预防措施
气孔	①母材上有油污、铁锈等污物 ②气体保护效果差 ③气路不洁净	①焊前用化学或机械方法清理干净工件 ②勿使喷嘴过高;勿使焊速过大;勿使钨极伸出长度过长;采用合格的惰性气体;确认周围无强空气气流流动 ③更新送气管路
夹渣和夹钨	①接触引弧所致 ②钨极熔化 ③错用氧化性气体 ④填丝触及热钨极的尖端 ⑤未彻底清除前道焊缝表面熔渣 ⑥焊丝端头被氧化	①采用自动引弧装置(高频或高压脉冲) ②采用较小电流和较粗钨极;勿使钨极伸出长度过大 ③更换为惰性气体 ④熟练操作,勿使填丝与钨极相接触 ⑤彻底清除前道焊缝表面熔渣 ⑥收弧时,加长焊丝处于氩气保护的停留时间
咬边	①电弧过长 ②摆动时,两边停留时间短	①缩短电弧 ②适当增加两边的停留时间,并适当增加送丝量
背面焊瘤	①根部间隙过大 ②焊接电流过大	①减小根部间隙 ②减小焊接电流
未熔合、未焊透	①焊接电流过小 ②立焊时,摆动不到位 ③根部间隙过小	①增大焊接电流 ②缩短摆动节点间的间距,增加两边摆动停留时间 ③增大根部间隙
背面焊缝严重氧化	①背面氩气保护效果不好 ②焊接热输入过大	①检查背面保护装置和氩气 ②适当减小电流,降低热输入
电弧不稳	①母材被污染 ②电极被污染 ③钨极太粗 ④钨极尖端形状不合理 ⑤电弧太长	①焊前仔细清理母材 ②磨去被污染部分 ③选用适宜的较细钨极 ④重新将钨极端头磨好 ⑤适当压低喷嘴,缩短电弧
电极烧损严重	①采用了反极性接法 ②气体保护不良 ③钨极直径与所用电流值不匹配	①采用较粗钨极或改为正极性接法 ②加强保护,即加大气流量;压低喷嘴;减小焊速;清理喷嘴 ③采用较粗钨极或较小电流

2.5　手工钨极惰性气体保护电弧焊基本操作技术简介

2.5.1　填充焊丝

手工钨极惰性气体保护电弧焊是一种不熔化电极的焊接方法,即钨极在焊接过程中不熔化,填充金属依靠不带电的焊丝补充,两者分开,互不干扰。因此焊接时可以根据具体情况添加填充焊丝或不添加填充焊丝,这对于控制熔透程度、掌握熔池大小、防止烧穿等带来很大方便,也容易实现全位置焊接,本节主要介绍焊接时添加填充焊丝的基本操作技术。

2.5.1.1　填丝的基本操作技术

1. 连续填丝

连续填丝操作技术焊接质量较好,对保护层的扰动小,比较难掌握。连续填丝时,要求焊丝比较平直。焊接时,左手小指和无名指夹住焊丝控制方向,大拇指和食指有节奏地将焊丝送入熔池区,如图 2.19 所示,连续填丝时手臂动作不大,待焊丝快用完时才前移。当填丝量较大,采用强工艺参数时,多采用此法。

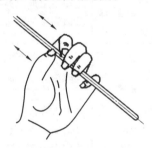

图 2.19　连续填丝操作技术

2. 断续填丝

断续填丝又称点滴送丝。左手大拇指、食指和中指捏紧焊丝,小指和无名指夹住焊丝控制方向,焊丝末端始终处于氩气保护区内以免被空气氧化。填丝动作要轻,不得扰动氩气保护层,禁止跳动,以防空气侵入。更不能像气焊那样在熔池中搅拌,而是靠手臂和手腕的上下往复动作,将焊丝端部的熔滴送入熔池,全位置焊时多用此法。

3. 特殊填丝

焊丝贴紧坡口与钝边一起熔入,即将焊丝弯成弧形,紧贴在坡口根部间隙处,焊接电弧熔化坡口与钝边的同时也熔化了焊丝,此时要求根部间隙小于焊丝直径,此法可避免焊丝遮住焊接人员视线,适用于困难位置的焊接。

2.5.1.2　填丝要点

(1)熔透打底焊时,必须等坡口两侧熔化后才能填丝,以免造成熔合不良;当焊至打磨过的弧坑处时,应稍加焊丝使接头平整,待出现熔孔后再正常添加焊丝,以使接头处熔池贯穿根部,保证接头处熔透。

(2)填丝时,焊丝应与试件表面水平夹角成15°～20°,从熔池前沿点进,随后撤回,如此反复动作。

（3）填丝要均匀，快慢适当，过快，焊缝熔敷金属加厚；过慢，易产生下凹或咬边。焊丝端部始终处于氩气的保护区内。

（4）摆动根部间隙大于焊丝直径时，焊丝应跟随电弧同步做横向摆动。无论采用哪种填丝动作，填丝速度均应与焊接速度相适应。

（5）选取正确位置填充焊丝时，不应把焊丝直接置于电弧下，把焊丝抬得过高也是不适合的，不应让熔滴向熔池"滴渡"，填丝位置的示意图如图 2.20 所示。

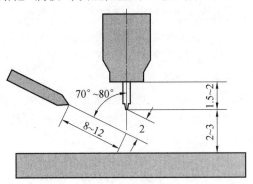

图 2.20　填丝与喷嘴位置的示意图（mm）

（6）打磨操作过程中，如不慎使钨棒与焊丝相碰，发生瞬间短路，会产生很大的飞溅和烟雾，造成焊缝污染和夹钨。此时应立即停止焊接，用砂轮磨掉试件和焊缝的被污染处，直至磨出金属光泽，被污染的钨棒应重新磨尖后，方可继续焊接。

（7）氧化撤回焊丝时，切记不要让焊丝端头撤出氩气的保护区，以免焊丝端头被氧化，在下次点进时，被氧化端头进入熔池，会造成氧化物夹渣或产生气孔。

2.5.2　收弧

焊接终止时要收弧，而收弧技术的好坏直接影响焊缝质量和成形的美观。收弧方法不正确，在收弧处容易产生弧坑裂纹、气孔和烧穿等缺陷。

收弧一般有四种方法，分别为增加焊接速度法、焊缝增高法、应用熄弧板法和焊接电流衰减法。

（1）在采用增加焊接速度法收弧时，焊枪前移速度要逐渐加快，焊丝的送给量逐渐减少，直至母材不熔化为止。

（2）焊缝增高法与增加焊接速度法正好相反，焊接快结束时，焊枪前移速度减慢，焊枪向后倾角加大，焊丝送进量增加，当弧坑填满后再熄弧。

（3）使用没有熄弧板或焊接电流衰减装置的钨极惰性气体保护电弧焊焊机，收弧时，不要突然拉断电弧，要往熔池里多加填充金属，填满弧坑，然后缓慢提起电弧。若还存在弧坑缺陷，可重复动作。

一般常用的收弧法是焊接电流衰减法。常用钨极惰性气体保护电弧焊设备都配有焊接电流自动衰减装置，熄弧时，焊接电流自动减小，氩气开关延时 5～10 s 关闭，以防焊缝金属在高温下继续氧化。

2.5.3 焊道接头

在焊接过程中,由于某种原因,一条焊缝没有焊完,中途停止,将此称为熄弧。再引燃电弧继续焊接,就出现了焊道接头(简称接头)。

无论焊接打底层焊道还是填充层焊道,控制接头的质量很重要,接头是两段焊缝交接的地方,由于温度差别和填充金属量的变化,该处易出现未焊透、夹渣、气孔和成形不良等缺陷,所以焊接过程中应尽量避免停弧,减少接头次数。但是在实际操作时,需要更换焊丝、更换钨极、焊接位置的变化或要求对称分段焊等,必须停弧,因此接头是不可避免的。问题是应设法控制接头质量,接头要采取正确的方法,即先将收弧处磨出圆滑过渡的斜坡状,并检查是否清除缩孔、裂纹等缺陷,然后在离弧坑斜后10~15 mm处引弧,等熔池基本形成后(图2.21),再向后压1~2个波纹。接头起点不加或稍加焊丝,焊接速度由快逐渐转慢并压低电弧进行焊接(此时,由起弧处到弧坑的轮廓线处出现一条由细渐粗的小尾巴状焊缝),当运丝至弧坑处时,将焊丝尽量下伸,稍作停顿,焊枪也在弧坑处的地方稍作停顿,待弧坑处的铁水填满时,即可转入正常焊接。

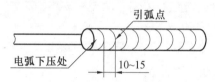

图2.21 焊道接头操作技术示意图(mm)

2.5.4 手工钨极惰性气体保护电弧焊单面焊双面成形操作技术

单面焊双面成形操作技术是在坡口正面进行焊接,焊后保证试件的正反面都能获得均匀整齐、成形良好并符合质量要求的优质焊缝的焊接操作方法,适用于高温高压容器、焊接质量要求高并且无法从背面清除焊根的难度较大的操作技术。

2.5.4.1 打底焊道的质量控制

打底焊道的焊接在培训过程中,有以下三个问题应注意。

1. 表面气孔

表面气孔是手工钨极惰性气体保护电弧焊经常出现的一种缺陷,由坡口及其近旁清理不干净,或氩气不纯,流量过大、过小或钨极伸出喷嘴太长等造成的。预防表面气孔的措施是将焊丝、焊件坡口及其近旁彻底清理干净,选择合适的氩气流量或更换不纯的氩气等。实践经验表明,当焊枪的喷嘴端面距人脸约10 mm时,打开氩气流量开关,脸部有轻微的风吹感觉,说明氩气流量合适。

2. 弧坑裂纹

弧坑裂纹通常是收弧时未填满熔池造成的,即熄弧方法不正确时产生的缺陷。只要在熄弧时,注意填满熔池,然后将电弧引出熔池外熄弧,就不会产生弧坑裂纹。

3. 未焊透

不正确的焊丝和焊枪角度会使电弧偏吹,产生未焊透;另外焊接电流过小,焊接速度过快,电弧过长也会产生未焊透缺陷。为避免缺陷的产生,除了保证焊枪和焊丝角度正确外,还要保证焊枪、焊丝在同一个平面上;在选择合适的焊接电流后,要适当地控制焊接速度和电弧长度,当熔深达到 1 mm 左右时,应迅速添加焊丝。采取上述措施后,能避免未焊透缺陷出现。

2.5.4.2　专用夹具及焊缝背面成形的保护装置

奥氏体不锈钢管及薄板对接焊一般是在专用夹具上进行装配和焊接,装配夹具中央镶嵌一块带有凹槽的铜板。装配时,将试件的坡口根部间隙对准铜板的凹槽,调整好根部间隙后加上压板压紧。试件由于夹持在带有小槽的夹具内,从焊枪流出的保护气体,除保护试件熔池正面外,还有部分保护气体通过试件的装配间隙吹入专用夹具的凹槽内,有助于焊件散热,减少试件的变形。为防止背面焊缝氧化,需要进行充氩保护,利用凹槽壁的反射作用将吹入通气槽的气体反吹到试件坡口背面,使焊缝背面成形良好。图 2.22 为板状试件焊缝背面成形保护装置示意图。

 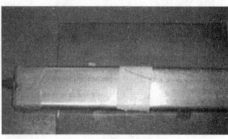

(a) 正面　　　　　　　　　　　　　(b) 背面

图 2.22　板状试件焊缝背面成形保护装置示意图

2.5.4.3　背面送气

在焊接奥氏体不锈钢管对接时,为改善根部焊缝背面成形,防止焊缝背面氧化,焊接时焊缝背面必须加保护工装,将管两端加堵板,内充氩进行通气保护。在引弧前,提前 60~120 s 通入氩气,图 2.23 为奥氏体不锈钢管对接背面送气保护装置图。

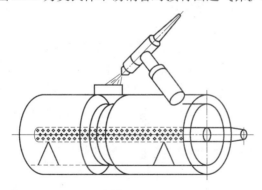

图 2.23　奥氏体不锈钢管对接背面送气保护装置图

2.5.4.4　打底焊道的厚度

打底焊道应具有一定的厚度,对于壁厚 5 mm 的管,其厚度为 2~3 mm;打底焊缝完成,焊道接头处的凸凹不平经清理后,才能进行盖面层的焊接,如图 2.24 所示。

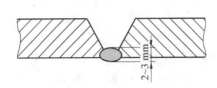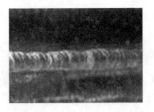

图 2.24　打底焊道的熔敷厚度

2.5.4.5　打底焊道的焊接

焊接开始后,焊丝与焊枪协调配合,焊丝填入动作要熟练、均匀,填丝要有规律,焊枪移动要平稳,速度一致。施焊中应密切注意焊接参数变化,随时调整并稳定焊枪移动的速度和角度。当发现熔孔增大,焊缝变宽出现下凹时,说明熔池温度太高,应减小焊枪与试件的夹角,加快焊接速度;当熔孔变小,焊缝变窄时,说明熔池温度低,易出现未焊透、内凹等焊接缺陷,应增加焊枪倾角,减慢焊接速度,通过焊接参数及焊丝、焊枪的协调运行(根据根部间隙大小,焊丝与焊枪可同步或在坡口内做小幅度摆动),来保证焊缝的良好成形。

焊至试件末端或焊丝用完需收弧时,应减小焊枪与试件表面之间的夹角,使热量集中在焊丝上,加大焊丝的熔化量。同时切断控制开关使焊接电流逐渐减小,熔池缩小,弧坑填满,此时焊丝抽离电弧区,但不能脱离氩气保护区,当电弧停止燃烧,氩气延时 6 ~ 8 s 关闭后,再将焊丝抽出,以防止焊丝端头被氧化,影响焊缝的质量。

2.5.4.6　焊枪的使用和技能操作方法

下列几项基本要求请焊接人员注意。

1. 电源种类和极性

手工钨极惰性气体保护电弧焊根据试件的材质选取不同的电源种类(直、交流)和极性(正、反接),对于焊接质量有重大意义。低碳钢、低合金钢和奥氏体不锈钢焊接时采用直流正接;铝及铝合金常采用交流电源。

2. 氩气保护

手工钨极惰性气体保护电弧焊是利用氩气保护焊接区域,防止空气侵入,从而保证焊缝质量和焊丝不被氧化的一种焊接方法。焊接过程中,始终把填充焊丝处于高温状态的端部置于氩气的保护区内。而氩气是一种无色气体,人眼看不见,要做到这一点,需要焊接人员在培训过程中逐步积累经验,提高操作技术水平,在摸索中掌握这一操作技巧。

3. 送丝

左手握焊丝,送丝方式采用断续点滴法,焊丝在氩气保护区内往复断续地送入熔池,但焊丝不能与钨极接触或直接深入电弧的弧柱区,否则钨极将被高温氧化并烧损或焊丝在高温弧柱作用下熔化产生飞溅,同时伴有啪啪的声响,从而破坏电弧稳定燃烧和氩气保护,引起夹渣和夹钨等缺陷。所以焊丝与钨极端部要保持一定距离,焊丝应在熔池前缘熔化;焊丝送给要有规律,不能时快、时慢,严格控制点进速度,保持焊缝高度平整均匀。

4. 培训

初学者可在焊件上划一粉线(例如可在管外壁沿周长划一封闭白粉线,使管转动试焊),右手稍力握枪,食指和拇指夹住枪身前部,其余三指触及管作为支点,也可用其中两指或一指作支点。在焊接过程中,要求手要稳,焊枪运行平稳,保持电弧稳定燃烧,钨极端部离试件要有 2 ~ 4 mm 的距离,焊枪不能跳动和摆动;在板状试件的试焊过程中,双手要等速、均匀的由右向左移动(左向焊法),焊缝应保持直线,宽度应保持均匀。

当其他条件均能满足,且焊接人员也能按以上四点要求进行操作,则焊接后的焊缝表面应呈清晰和均匀的鱼鳞波纹。

以上是对通用打底焊道程序的基本要求,学员想要进行产品的焊接,必须根据产品的特点(材质、规格和焊接位置等要素)进行严格培训、考试和取证,方可对产品打底焊道进行焊接。

第3章 手工钨极惰性气体保护电弧焊奥氏体不锈钢管对接水平固定焊

根据《民用核安全设备焊接人员操作考试技术要求(试行)》,手工钨极惰性气体保护电弧焊奥氏体不锈钢管对接水平固定焊是必须通过的考试项目。本章就该项目操作技能相关内容进行阐述。

3.1 奥氏体不锈钢分类及焊接特点

3.1.1 不锈钢的分类

不锈钢有多种分类方法,常用的分类方法包括按合金成分分类、按用途分类和按室温组织分类。按室温组织对不锈钢分类是核安全设备中最常见的分类方法,包括奥氏体不锈钢、马氏体不锈钢、铁素体不锈钢、奥氏体-铁素体不锈钢以及沉淀硬化不锈钢。

3.1.1.1 奥氏体不锈钢

奥氏体不锈钢是指在常温下具有奥氏体组织的不锈钢。钢中 Cr 的质量分数为 18%、Ni 的质量分数为 8%~10%、C 的质量分数为 0.1% 时,具有稳定的奥氏体组织,是 Cr-Ni-Fe 合金系不锈钢。与一般的铬不锈钢相比,具有更好的耐腐蚀性能、力学性能和焊接性,使用范围更广。在铬镍不锈钢的基础上添加其他元素,如钼、铜,可增强钢对还原性酸如稀硫酸的耐腐蚀性能;添加钛和铌,可以提高钢的抗晶间腐蚀能力。

3.1.1.2 马氏体不锈钢

马氏体不锈钢是指室温下组织为马氏体的不锈钢,代表的钢材牌号有 1Cr13、4Cr13 等。马氏体不锈钢含铬量较少,因此在恶劣的环境下耐腐蚀性能稍差,主要用于汽轮机叶片和医疗设施。

3.1.1.3 铁素体不锈钢

铁素体不锈钢含铬量较高,室温下是铁素体组织,不能通过淬火而硬化。这类钢比马氏体不锈钢的耐腐蚀性能高,抗氧化性能强,特别是在硝酸中具有高的化学稳定性,被广泛用于硝酸厂的化工设备,如交换器、吸收塔、运输硝酸的罐等,代表牌号有 1Cr17、0Cr17Ti。

3.1.1.4 奥氏体-铁素体不锈钢

奥氏体-铁素体不锈钢实质上是一种双相不锈钢,是在奥氏体不锈钢基础上为提高钢材的抗晶间腐蚀能力和焊接性,加入少量其他元素形成的,一般含有低于 10% 的铁素体组织,它的塑性、冷变形能力不及奥氏体不锈钢,主要用于制造有一定耐腐蚀要求的高强度容器、结构等,代表牌号有 Cr17Mn13Mo2N。

3.1.1.5　沉淀硬化不锈钢

沉淀硬化不锈钢具有较好的耐蚀性和较高的强度,同时具有良好的加工性和焊接性,主要用于强度要求较高的结构,如航空、火箭和飞行器的制造上,常用的牌号有 0Cr17Ni4Cu4Nb。

3.1.2　奥氏体不锈钢的焊接

3.1.2.1　奥氏体不锈钢的焊接性

奥氏体不锈钢与其他类型不锈钢相比,焊接性良好,一般的熔焊方法(如手工电弧焊、埋弧焊、惰性气体保护焊和等离子弧焊等)均可获得优质的焊接接头,但是焊接填充材料选用不当或工艺不正确,也有可能产生晶间腐蚀、焊接热裂纹、475 ℃脆性和 σ 相脆化等问题。

1. 奥氏体不锈钢焊接接头的耐蚀性

奥氏体不锈钢焊接后会形成由焊缝及热影响区组成的焊接接头,焊接的热过程会使焊缝及热影响区的不锈钢金属经历一次快速高温加热和冷却的过程,从而使焊接接头区域的组织性能(特别是耐蚀性与焊前母材)存在较大差异。

在腐蚀介质的作用下,金属表面沿晶界深入金属内部的腐蚀,即晶间腐蚀。它是一种局部性腐蚀,往往导致晶粒间的结合力丧失,表现为强度几乎为零,是一种潜在的对工程结构、锅炉和压力容器等安全运行构成严重威胁且破坏力极强的缺陷,应给予高度重视。

导致奥氏体不锈钢晶间腐蚀的原因很多,概括起来有以下几种。

(1)碳化物析出引起的晶间腐蚀。

奥氏体不锈钢在 500～800 ℃温度区间进行敏化处理时,过饱和固溶的碳向晶界扩散比铬扩散得快,在晶界附近和铬结合成(Cr,Fe)23C6 的碳化物,并在晶界沉淀析出,造成了晶界附近区域的铬质量分数低于 11.74 %(贫铬),当该区域的铬质量分数降低到钝化所需的极限(12.5 %)以下时,该区域就会产生晶间腐蚀。

防止晶间腐蚀可以采用超低碳,即将钢材的碳质量分数限制在 0.03 %及以下,也可以向钢中加入一些稳定碳元素的合金元素(如钛和铌),例如 0Cr18Ni9Ti 奥氏体不锈钢就是基于以上两点研制的;或将钢的组织由单相变成双相组织(含5 %～10 %的 δ 铁素体);或采用1 010～1 120 ℃的固溶处理;或进行稳定化处理,加速铬的扩散,使铬分布均匀,消除贫铬现象。

(2)σ 相析出引起的晶间腐蚀。

采用超低碳方法解决了奥氏体不锈钢因碳化物析出引起的晶间腐蚀问题,但含钼奥氏体超低碳不锈钢,如 0Cr17Ni13Mo2(AISI316L)在敏化温度区间,在沸腾的 65 %硝酸溶液中发现了晶间腐蚀,试验表明是由于 σ 相析出引起的。

(3)晶界吸附引起的晶间腐蚀。

普通的 Cr18-Ni8 奥氏体不锈钢在强氧化性的硝酸溶液中会产生晶间腐蚀,而高纯度的奥氏体不锈钢尚未发现这种问题,已查明 Cr14-Ni14 不锈钢中的杂质磷在晶界吸附,引起在硝酸溶液中的晶间腐蚀。

(4)稳定化元素高温溶解引起的晶间腐蚀。

含钛和铌的不锈钢,焊后在敏化温度区间加热处理,再放入强氧化性的硝酸溶液中工作,在熔合线上出现很窄区域的选择性腐蚀,它是一种沿晶界的腐蚀,呈刀状,常称刀蚀。

焊接时,焊接热影响区熔合线附近因过热,部分碳化物被溶解,在随后的多层多道焊接条件下,被再次加热到敏化温度,此时易形成铬的碳化物,造成晶间腐蚀,焊后热处理不当也容易产生晶间腐蚀。

刀蚀的宽度与过热区的宽度有关,因此与焊接方法和焊接工艺有关。目前从工艺上很难降低或消除刀蚀,只能从焊接接头的设计上着手,尽量避免交叉接头等。

2. 奥氏体不锈钢焊接的热裂纹敏感性

奥氏体不锈钢对焊接热裂纹较敏感,如果工艺不正确或选材不适当可能产生结晶裂纹、液化裂纹。奥氏体不锈钢对焊接热裂纹敏感与其自身的物理性能和化学成分是分不开的。奥氏体不锈钢的导热系数小,线膨胀系数大,延长了焊缝金属在高温区的停留时间,提高了焊缝金属承受拉伸应变的时间和应变值;其次,奥氏体不锈钢焊缝金属的柱状晶粒明显,在柱状晶粒间常有低熔共晶物偏聚,在结晶后期以液膜的形式存在,割裂了晶界的结合,此时如果焊接应力较大,就会在晶界处开裂,扩展后形成结晶裂纹。

防止奥氏体不锈钢产生焊接热裂纹可以采用以下措施。

(1)严格限制焊缝中的杂质元素(S、P)质量分数,避免形成液膜。

(2)焊缝形成双相组织,提高抗热裂纹的能力。

(3)过合金化在焊缝中加入一定量的锰,如采用 Cr19Ni13Mn5 型焊丝。

(4)加快焊缝的冷却速度,如采取短弧焊、窄焊道和低的焊接线能量,对纯奥氏体不锈钢可以采用焊后水冷却。

(5)严格控制层间温度。

3. 奥氏体不锈钢的 475 ℃脆性和 σ 相脆化

475 ℃脆性和 σ 相脆化主要出现在含有较多铁素体形成的不锈钢中,此钢已经不属于纯的奥氏体不锈钢,该钢在 475 ℃左右长期加热并缓慢冷却时就可以导致脆性。已产生 475 ℃脆性的钢或焊缝,可以将钢再次加热到 600~700 ℃保温 1 h 后空冷,即可恢复其原有的性能。

σ 相是由约 52﹪的铬和 48﹪的铁组成的一种硬而脆且无磁性的金属中间化合物,硬度高达 HRC68 以上。焊接高铬的不锈钢时,在 600~900 ℃范围内加热可能析出 σ 相,它是由含铬较高的 δ 铁素体转变而成,一般分布于晶界,使焊缝的韧性和塑性显著下降,增大了晶间腐蚀倾向。一旦产生 σ 相脆化,可将其加热到 1 050 ℃进行固溶处理,然后水淬,以恢复其性能。

3.1.2.2 奥氏体不锈钢的焊接工艺特点

焊接奥氏体不锈钢,常用的焊接方法有手工电弧焊、埋弧焊、手工钨极惰性气体保护电弧焊、金属及惰性气体保护焊、药芯焊丝气体保护焊和等离子弧焊等。为保证奥氏体不锈钢焊接接头的耐蚀性和避免焊接热裂纹发生,除控制材料的化学成分外,一般选用较小的焊接热输入和较低的焊接层道间温度。

手工钨极惰性气体保护电弧焊是焊接奥氏体不锈钢的理想焊接方法,常用于壁厚 < 3 mm 的薄板或直径 ≤ 60 mm 管的全氩弧焊,或用于大直径中、厚壁管道的打底焊,一般采用直流正接。奥氏体不锈钢手工钨极惰性气体保护电弧焊时,为保证背面焊道不被氧化,焊缝厚度 < 5 mm 时,应进行背面氩气保护。表 3.1 给出了对接接头 GTAW 的焊接工艺参数。

表 3.1　对接接头 GTAW 焊接工艺参数

壁厚 /mm	焊丝直径 /mm	钨极直径 /mm	电流 /A	焊接速度 /(m·h⁻¹)	钨极伸出长度 /mm	氩气流量 /(L·min⁻¹)
1.0	不加	2	30 ~ 60	7 ~ 17	5	3 ~ 4
1.0	1.6	2	35 ~ 70	9 ~ 20	5	
2.0	1.6	2.5	45 ~ 75	5 ~ 12	5	6 ~ 8
3.0	2.0	2.5	50 ~ 85	5 ~ 12	5 ~ 8	
4.0	2.0	2.5 ~ 3.2	60 ~ 85	5 ~ 12	5 ~ 8	8 ~ 10
5.0	2.4	2.5 ~ 3.2	60 ~ 100	5 ~ 12	5 ~ 8	8 ~ 16

3.2　考试项目焊接操作详解

3.2.1　奥氏体不锈钢管对接水平固定焊项目技能操作要点简介

3.2.1.1　编写依据

(1)《民用核安全设备焊接人员资格管理规定》(中华人民共和国生态环境部令第 5 号)。

(2)《民用核安全设备焊接人员操作考试技术要求(试行)》国核安发〔2019〕238 号文。

(3)《手工钨极惰性气体保护电弧焊(手工)(GTAW)考试规程》为民用核安全设备焊接人员操作考试标准化文件。

3.2.1.2　操作特点和要点

为叙述方便,本章均称"奥氏体不锈钢管水平固定对接手工钨极惰性气体保护电弧焊"为"GTAW-01"。

(1)管对接管件水平固定位置焊接时,最主要的问题是电弧对焊接区的累积加热,特别是小直径薄壁管对接接头的焊接,这一难点尤为突出。其原因是电弧对焊件的加热速度大于散热速度,使热量积聚导致焊接熔池失稳,因此在管件对接的全位置焊接过程中,为了始终保持熔池形态稳定,即使熔池的表面张力与重力平衡,必须适当控制电弧的能量,其解决办法是除了采用脉冲电流外,还应分区段程序控制各焊接参数。

图 3.1 为管对接接头区段划分方法,将其等分为立向上位置、天焊位置、定向上位置、仰焊位置 4 个区段,每个区段为 90°,第一区段从 315°到 45°,依此类推。管对接接头全位置焊接时,应按不同区段的焊接位置程序控制焊接电流、焊接速度和送丝速度,使焊接熔池始终处于热平衡状态。对于某些规格的管件和导热性差的管材,还可能要求对焊接区段细分成 8 等分或 16 等分。

图 3.1　管对接接头区段划分

(2)手工钨极惰性气体保护电弧焊是焊接奥氏体不锈钢的传统焊接方法,具有灵活、不受焊接位置的限制,焊缝成形美观;填充焊丝不通过电弧,因此不会产生飞溅等缺陷。其缺点是熔深浅;熔敷速度小;生产率较低;钨极承载电流的能力较差;电流过大会引起钨极融化和蒸发,其微粒可能进入熔池,造成污染(夹钨);氩气较贵,生产成本较高。

(3)焊接操作需要严格遵守以下操作要求,以防止产生气孔、咬边、未熔合和热裂纹等缺陷。

①内充氩,V 形坡口,采用控制层间温度的三层焊法(打底一层,填充一层,盖面一层)。

②严格控制热输入和层间温度。

③打底焊接。为防止焊缝表面氧化,焊接过程中焊缝背面必须吹送保护气体。两侧棱边不能烧损,保持原始且焊缝形状最好略呈凹形,然后进行盖面层焊接。

④盖面焊接。注意焊接规范参数的调节,焊枪横向摆动幅度不要太大,焊枪摆动到一侧棱边处稍作停顿,将填充焊丝和棱边熔化,焊接速度稍慢,保证管棱边熔合好。

3.2.2　手工钨极惰性气体保护电弧焊(手工)(GTAW)考试规程

焊接人员应当按照《民用核安全设备焊接人员操作考试技术要求》规定的《焊接工艺规程》焊接考试试件进行考试,表 3.2 为奥氏体不锈钢手工钨极惰性气体保护电弧焊管对接焊接工艺规程示例。

表3.2　奥氏体不锈钢手工钨极惰性气体保护电弧焊管对接焊接工艺规程示例

编号：　　　　　　　　　　　　　　　　　　　　　版次：

技能考试项目代号	GTAW 焊接方法考试——管对接		
工艺评定报告编号/ 依据标准/有效期	SN1–HX23–VWD–NNEC0574/ASME IX 卷2007版及2008补遗/长期有效	自动化程度/稳压 系统/自动跟踪系统	NA

焊接接头		
坡口形式	V形	
衬垫（材料）	NA	
焊缝金属厚度	5 mm	
管直径	60 mm	
其他	NA	

图示：60°，2~4，$\phi 60 \times 5$，0.5~2，125

母材		填充金属	
类别号	不锈钢	焊材类型 （焊条、焊丝、焊带等）	焊丝
牌号	06Cr19Ni10（304）	焊材型（牌）号/规格	ER308/ϕ2.0 mm
规格	ϕ60×5 mm	焊剂型（牌）号	NA

焊接位置		保护气体类型/混合比/流量	
焊接位置	PH	正面	Ar/99.99％/ 8～20 L/min
焊接方向	水平固定向上 立焊位置	背面	Ar/99.99％/ ≥6 L/min
其他	NA	尾部	NA

预热和层间温度		焊后热处理	
预热温度	NA	温度范围	NA
层间温度	≤150 ℃	保温时间	NA
预热方式	NA	其他	NA

焊接技术		
最大线能量	NA	
喷嘴尺寸	ϕ4～ϕ16 mm	导电嘴与工件距离	NA
清根方法	NA	焊缝层数范围	3～4
钨极类型/尺寸	铈钨极/ϕ1.6～ ϕ2.4 mm	熔滴过渡方式	NA
直向焊、摆动焊及摆动方法	直向焊、横摆焊均可	
背面、打底及中间焊道清理方法	不允许打磨	

续表 3.2

焊接参数							
焊 层	焊接方法	焊材		焊接电流		电压范围/V	焊接速度/(mm·min⁻¹)
		型(牌)号	规格/mm	极性	范围/A		
1(打底层)	GTAW	ER308	$\phi 2.0$	DC/EN	60~90	8~13	NA
2~N(填充层)	GTAW	ER308	$\phi 2.0$	DC/EN	70~120	8~13	NA
N+1(盖面层)	GTAW	ER308	$\phi 2.0$	DC/EN	70~110	8~13	NA
编 制			审 核			批 准	
日 期			日 期			日 期	

3.2.3 常见焊接缺陷产生原因及解决方法

3.2.3.1 常见焊接缺陷

手工钨极惰性气体保护电弧焊的焊接人员在操作过程中,由于焊枪角度和电弧长度的稳定性等因素掌握不好会出现背面焊瘤及未焊透、背面焊缝严重氧化、气孔、夹渣与夹钨、咬边、弧坑裂纹、内凹和未熔合等焊接缺陷。

3.2.3.2 常见焊接缺陷产生原因

1. 背面焊瘤和未焊透

焊接电流、根部间隙和熔孔过大,焊接电弧在局部停留时间过长,均易产生背面焊瘤;反之,则易产生未焊透。背面焊瘤和未焊透实物照片如图 3.2 所示。

图 3.2 背面焊瘤和未焊透实物照片

2. 背面焊缝严重氧化

焊接高合金钢或奥氏体不锈钢时,为防止氧化,试件背面要充氩保护,若背面焊缝充氩保护装置未能起到良好保护作用或者在施焊过程中热输入较大,焊缝背面都将产生氧化,如图 3.3 所示。

3. 气孔

气孔如图 3.4 所示,气孔产生的原因主要有以下几种。

(1)气路有泄漏,氩气流量过大或过小,不符合工艺规范要求的流量。

(2)钨极伸出长度过长,喷嘴直径过小。

(3)施焊的周围有强空气气流流动,影响了电弧稳定燃烧和氩气的保护作用。

(4)施焊过程中,焊枪运作不规范,电弧忽长忽短或焊枪角度不正确等。

图 3.3　背面焊缝氧化实物照片

图 3.4　气孔实物照片

4. 夹渣与夹钨

夹渣与夹钨如图 3.5 所示,产生的原因主要有以下几种。

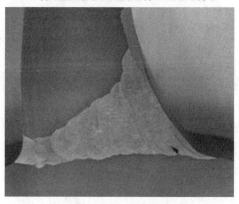

图 3.5　夹渣实物照片

(1)未能彻底清除前道焊缝表面的熔渣;施焊过程中由于操作方法不当,焊道与坡口两侧交接处有沟槽。

(2)收弧时,焊丝端头在高温的熔池状态下,快速脱离氩气保护区,在空气中被氧化,焊丝端头颜色变黑,焊丝表面产生氧化物,当再次焊接时,被氧化的焊丝端头未经清理送入熔池中,氧化物的凝固速度快,未完全从熔池中脱出。

(3)钨极长度伸出量过大,焊枪操作不稳定,钨极与焊丝或钨极与熔池相碰后,焊接人员又未能立即终止焊接,及时清理钨粒,从而造成夹钨。

5. 咬边

咬边如图 3.6 所示。焊接时,焊枪移动不平稳,电弧过长;焊枪做锯齿形摆动时,坡口两侧停留时间短且未能保证供给一定的送丝量。

图 3.6　咬边实物照片

6. 弧坑裂纹

收弧时,熔池体积较大,温度高,冷却速度快。

7. 内凹

内凹如图 3.7 所示,内凹产生的原因主要有以下两种。

图 3.7　内凹实物照片

(1)装配根部间隙较小,施焊过程中焊枪摆动幅度过大,使电弧热量不能集中于根部,产生了背面焊缝低于试件表面的内凹缺陷。

(2)送丝时,未能对准熔孔部位进行正确的点-送操作程序。

8. 未熔合

未熔合如图 3.8 所示,未熔合产生的原因主要有以下两种。

图 3.8　未熔合实物照片

(1)焊接电流过小,焊枪角度不正确。

(2)立位焊接时,焊枪横向摆动到坡口边缘时未作必要的停留,以及节点的根部间隙过大等,节点示意图如图 3.9 所示。

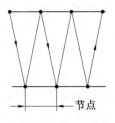

图 3.9　节点示意图

3.2.4　焊前准备

3.2.4.1　一般要求

1. 施焊环境

环境温度不低于-10 ℃,相对湿度小于90％,焊接环境风速小于 2 m/s,试板温度不低于5 ℃。

2. 母材及焊材

钢管牌号为06Cr19Ni10(304),试件规格为 $\phi60×5$ mm,长度为 125 mm。

焊材牌号为 ER308 或等同牌号,直径规格为 $\phi2.0$ mm。

3. 焊接设备

焊接设备需要满足以下几点。

(1)符合国家强制标准。

(2)能实现手工钨极惰性气体保护电弧焊。

(3)最大可调节电流为 300～400 A。

(4)焊机需校准合格并在有效期内。

3.2.4.2　工器具准备

钳式电流电压表、数字型接触式测温仪、电动角向磨光机、钨极磨削机、氩气表、砂轮片和钢丝刷。

3.2.4.3　劳保防护

需要穿戴劳保工作服、劳保鞋、口罩、耳塞、手套、防护眼镜和面罩。

3.2.4.4　考前相关检查和要求

考前相关检查和要求如下。

(1)核查母材和焊材的牌号、规格尺寸等,是否符合考试和文件要求。

(2)启动焊机前,检查各处的接线是否正确、牢固可靠;仪器仪表(如电流表、电压表和流量计等)是否检定并在有效期内。

(3)焊机运行检查,极性检查,接法为直流正接(即工件接正),辅助按钮的正确使用以及工装夹具是否可以正常使用,工装夹具扳手是否齐全。

(4)正确安装气体流量计,保证流量计处于垂直状态,同时检查气体成分是否正确,气瓶需要有防倾倒装置固定。

(5)严格按照焊接工艺规程要求进行装配,焊接参数设置不得超出焊接工艺规程规定要求。

（6）试件清理及装配过程中，打磨需要注意方向，不得朝着人或者设备方向进行打磨。

（7）考试前，应在监考人员与焊接人员共同在场确认的情况下，在试件上标注焊接人员考试编号。

（8）定位焊缝使用的焊材及工艺参数与打底焊相同。

3.2.4.5 坡口及装配

1. 管对接试件

V 形坡口，机械加工，钝边为 0.5~2 mm，各边无毛刺，距坡口边缘 50 mm 处划比坡口每侧增宽线。管对接试件加工示意图如图 3.10 所示。

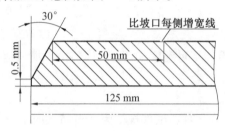

图 3.10 管对接试件加工示意图

2. 试件装配

试件装配前坡口表面和两侧各 25 mm 范围内要清理干净，去除铁屑、氧化皮、油、锈和污垢等杂物。

为保证管背面焊缝成形良好，无论是定位焊还是正式焊接时，都应附加管内成型保护气体，具体方法是在管两端加盖，盖上的进气口通过胶管与气瓶相接，向管内充放成型保护气体，保证焊接时管内壁有一定的气压。背面成型保护气体用纯氩。试件在装配与定位焊时，所使用的焊丝应和正式焊接使用的焊丝相同。

该试件要求单面焊双面成形，故定位焊缝必须焊透。定位焊缝不能太厚，以免焊接到定位焊缝的焊缝接头处时根部熔合不好而产生焊接缺陷。如果碰到这种情况，应将定位焊缝磨低些，两端磨成斜坡状，以便焊接至定位焊缝处接头时，使焊缝接头良好过渡，保证焊透。

定位焊缝是正式焊缝的一部分，必须焊牢，不允许有缺陷，如果定位焊缝上发现裂纹、气孔等焊接缺陷，应该将该段定位焊缝打磨掉，再在此处重新焊接定位焊缝，不允许用重熔的方法修补。

焊接过程中，不能破坏坡口棱边，装配定位焊后，可用手摸坡口内壁，检查管坡口对接边缘是否对齐，错边应 ≤0.5 mm。

为防止焊接时焊件受热膨胀引起变形，必须保证定位焊缝的长度，在管件 12 点钟进行定位焊装配完成后，应标注 6 点、12 点钟点标记。装配示意图如图 3.11 所示。

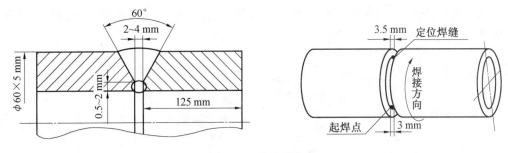

图 3.11　装配示意图

3.2.5　焊接操作方法

3.2.5.1　打底层焊接操作要领

1. 背面送气

为防止焊缝背面氧化,焊接过程中焊缝背面必须吹送保护气体,可以在引弧前(提前30 s)通入氩气,气体流量 6 ~ 10 L/min,焊接时的气体流量应为 8 ~ 12 L/min。

2. 相对位置

焊接打底层要严格控制钨极、喷嘴与焊缝的位置,即钨极应垂直于管的轴线,喷嘴至两管的距离要相等。焊枪、焊丝与管的相对位置如图 3.12 所示。钨极与管两侧分别成 90°;焊丝与管切线方向成 10° ~ 15°,与钨极成 90°左右。

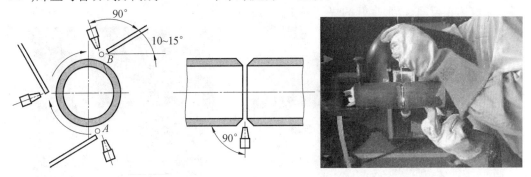

图 3.12　相对位置示意图

3. 送丝

采用断续送丝法送丝。焊丝送进的位置位于熔池前方的熔孔部位,送丝节奏稍快,量较少,动作敏捷。在整个施焊过程中,焊丝端部不得抽离保护区,以避免氧化,影响质量。采用小的焊接热输入,快速小摆动,严格控制层温≤150 ℃。

4. 引弧

起焊点在仰焊部位时钟 5 点(A)处,焊前用右手的前三个手指握住焊枪,以无名指和小指支撑在管外壁上,作为支点。在未戴面罩的情况下,将钨极端部对准坡口根部待引弧的起焊点,然后戴上面罩,手腕轻轻下压,使钨极端部逐渐接近母材约 2 mm 时,按下焊枪上的电源开关,利用高频高压装置引燃电弧。引燃电弧后,控制弧长为 2 ~ 3 mm 焊枪暂留在引弧处不动,待坡口根部两侧加热 2 ~ 3 s,并获得一定大小明亮清晰的熔池后,再往熔池填送焊丝焊接。

图 3.13 为起焊点和收弧点示意图,A 点起弧,B 点收弧;C 点起弧,D 点收弧;E 点定位焊缝。

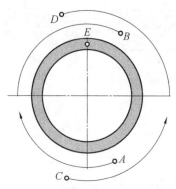

图 3.13　起焊点和收弧点示意图

5. 打底层焊接操作要点

打底层焊接时如图 3.14 所示,用左手送进焊丝,焊丝与通过熔池的切线成 15° 送入熔池前方,采取电弧交替加热打底层及焊丝端头的操作方法,焊枪摆动应幅度稍小,注意棱边不能烧坏。焊枪与管切线成 75° ~ 85°,夹角过大会降低氩气的保护效果;焊丝与焊枪的夹角一般为 90°,焊丝通过两管的间隙送入熔池前方,焊丝沿内部坡口的根部送到熔池后,轻轻地将焊丝向熔池里推进,并向管内坡口根部摆动,使熔化金属送至坡口根部,以便得到能熔透正反面、成形良好的焊缝,如图 3.15 所示。

图 3.14　打底层焊接立向上 3 点(时钟)位置实物照片(见部分彩图)

在焊接过程中,采取电弧交替加热坡口根部和焊丝端头的操作方法,应随时观察和控制坡口两侧熔透均匀,以保证管内壁成形良好。在填丝的同时,焊枪逆时针方向匀速向上移动。当焊至定位焊缝斜坡处时,应减少填充金属量,使焊缝与接头圆滑过渡,焊至定位焊缝,不填丝,自熔摆动通过;焊至定位焊缝另一斜坡处时也应减少填充金属量,使焊缝扁平,以便后半圈接头平缓。焊层的熔敷厚度为 2 ~ 3.5 mm,如图 3.16 所示。

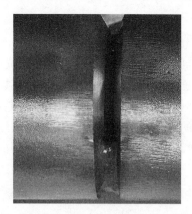

图 3.15　打底层 3 点(时钟)位置照片(见部分彩图)　　图 3.16　打底层焊接实物照片(见部分彩图)

6. 收弧

当焊接一圈焊缝通过 1 点焊至 11 点(焊缝叠加一段)收弧时,应连续送进 2 ~ 3 滴填充金属,以免出现缩孔,并将焊丝抽离电弧区,但不要脱离保护区,然后切断控制开关,此时焊接电流逐渐衰减,熔池也相应减小,当电弧熄灭后,延时切断氩气,焊枪移开。然后用角向砂轮将收弧处的焊缝金属磨掉一些并呈斜坡状,以消除仍然可能存在的缩孔。

7. 焊道接头

水平固定管焊完左半圈一侧后,转到管的另一侧位置,焊接右半圈。起焊点应在 5 点(A)处,以保证焊缝重叠 10 ~ 15 mm。焊接方式同左半圈,用左手外填丝法,焊丝与通过熔池的切线成 15°送入熔池前方,焊丝沿坡口的上方送入熔池后,轻轻地将焊丝向熔池里推进,并向管内摆动,使熔化金属送至坡口根部,以便得到能熔透坡口正反面的焊缝,从而能提高焊缝背面高度,避免凹坑和未焊透。按顺时针方向通过 11 点焊至 12 点收弧,焊接结束时,应与右半圈焊缝重叠 10 ~ 15 mm。焊层的熔敷厚度为 2 ~ 2.5 mm。

打底层焊缝表面与坡口棱边留 0.5 ~ 1 mm 深,两侧棱边不能烧损保持原始且最后焊缝形状最好略呈凹形,然后进行填充层焊接(图 3.17)。

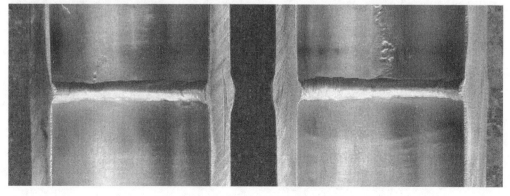

图 3.17　打底层背面焊缝焊接实物照片

3.2.5.2 填充层焊接操作要领

焊前应将打底层和填充层的焊道接头起焊处焊缝打磨掉,焊趾两侧熔渣清理干净且整条焊缝打磨平整。用测温仪检查层温降至 100 ℃ 以下,采用多层多道焊进行填充,用左手送进焊丝,焊丝与通过熔池的切线成 15°送入熔池前方,采取电弧交替加热打底层及焊丝端头的操作方法,焊枪摆动幅度稍小,注意棱边不能烧坏,焊枪与试管切线成 75° ~ 85°,夹角过大会降低氩气的保护效果;焊丝与焊枪的夹角一般为 90°,焊接过程中注意观察和控制坡口两侧熔透均匀,在填丝的同时,焊枪逆时针方向匀速向上移动。焊层的熔敷厚度为 2 ~ 3.5 mm,最后一条填充焊道焊完后,焊缝表面留 0.5 ~ 1 mm 深,两侧棱边不能烧损保持原始且最后填充层形状最好略呈凹形,然后进行盖面层焊接,填充层正面焊缝焊接实物照片如图 3.18 所示。

图 3.18 填充层正面焊缝焊接实物照片

3.2.5.3 盖面层焊接操作要领

焊前应将填充层的焊道接头起焊处焊缝打磨掉,焊趾两侧熔渣清理干净且整条焊缝打磨平整。焊层温度最好控制在 60 ℃ 以下,焊缝呈银白色或金黄色,采用单层单道焊盖面。焊接时,焊枪横向摆动幅度不要太大,焊枪摆动到一侧棱边处稍作停顿,将填充焊丝和棱边熔化,焊接速度稍慢,保证管棱边熔合好。焊缝外形尺寸控制每侧增宽 0.5 ~ 1.5 mm,余高为 1 ~ 2 mm,其打底、填充和盖面焊接实物照片如图 3.19 所示。

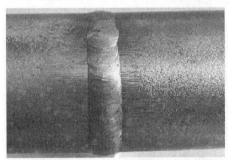

图 3.19 打底、填充和盖面焊接实物照片

3.2.5.4 焊接实操参数及焊道记录

管对接焊接实操参数及焊道记录见表 3.3。

表 3.3　管对接焊接实操参数及焊道记录表

焊接参数	定位焊	打底	填充	盖面
焊接层次	—	1—1	2—1	3—1
焊接电流/A	95	80	100	90
电弧电压/V	12	11	11	11
层间温度/℃	20 20 20	20 20 20	60 59 55	60 59 60
保护气体流量/(L·min⁻¹)	正面:9 背面:6	正面:9 背面:6	正面:9 背面:8	正面:12 背面:6
焊接时间/s	20	258	467	305
焊缝长度/mm	20	163	175	188
焊接速度/(mm·s⁻¹)	1	0.632	0.375	0.616
喷嘴规格/mm	4#	4#	6#	6#
焊丝直径/mm	$\phi 2.0$	$\phi 2.0$	$\phi 2.0$	$\phi 2.0$
焊接层道示意图				
实物照片				
设备板面照片				
焊接一条环缝用时	约 30 min（含层温控制）			

3.2.5.5 考试过程控制要求

考试过程控制要求如下。

（1）操作考试只能由一名焊接人员在规定试件上进行。

（2）考试试件的坡口表面和坡口两侧 25 mm 范围内应当清理干净,去除铁屑、氧化皮、油、锈和污垢等杂物。

（3）考试前,应在监考人员与焊接人员共同在场确认的情况下,在试件上标注焊接人员考试编号。

（4）定位焊缝使用的焊材及工艺参数与打底焊相同。

（5）考试时,第一层焊缝中至少有一个停弧再焊接头。

（6）考试时,不允许采用刚性固定,但允许组对时给试件预留反变形量。

（7）试件开始焊接后,焊接位置不得改变;角度偏差应当在试件规定位置范围内(±5°)。

（8）考试时,不得更换母材和焊材的牌号及规格尺寸。

（9）管对接的考试的试件数量为 2 个,不允许多焊试件从中挑选。

（10）考试时,不得故意遮挡监控探头。

（11）管对接试件的焊接时间不得超过 90 min。

（12）考试时间指考试施焊时间,不包括考前试件打磨、组装和点固焊时间。

（13）考评员负责过程控制评价,详见表 3.4 民用核安全设备焊接人员操作考试过程控制表,过程评价合格后,考试试件方可开展无损检验评价。

表 3.4　民用核安全设备焊接人员操作考试过程控制表

试件编号:＿＿＿＿＿＿＿＿＿＿＿＿＿

序号	监查内容	过程控制监查项目	过程控制结果	扣分
1	母材、焊材	是否进行母材自查	□是□否	
		是否进行焊材自查	□是□否	
		装配后,母材牌号和规格尺寸使用错误	□否决	
		开焊后,焊材牌号和规格尺寸使用错误	□否决	
2	设备、仪器、仪表、气体	是否进行标定标签核对	□是□否	
		是否进行设备调试	□是□否	
		是否进行仪器仪表检查,是否正确安装气体流量计	□是□否	
		是否检查气体,是否固定气瓶	□是□否	
3	试件装配	是否按焊接工艺文件要求进行装配	□是□否	
4	施焊过程	开焊后,试件点固焊接位置错误,试件位置错误或违规变更试件位置	□否决	
		手工焊时试件进行刚性固定	□否决	
		手工焊打底焊道停弧再接头未控制	□否决	
		自动焊或机械化焊接任一焊道出现停弧	□否决	
		打底层和中间焊焊道违规修磨和打磨,最后一层焊缝打磨、返修（最终焊缝非原始状态）	□否决	
		故意遮挡监控探头	□否决	
		焊接参数与焊接工艺规程不符	□否决	

续表3.4

序号	监查内容	过程控制监查项目	过程控制结果	扣分
5	焊件处理	是否清理飞溅，标识是否正确、清晰	□是□否	
		是否进行焊件封存	□是□否	
6	工位整理	是否关闭电、气源，整理焊接把线、焊枪	□是□否	
		是否清理卫生	□是□否	
7	考试纪律	是否正确使用焊条/丝(头)筒、进行焊材退库	□是□否	
		离开本人工位或进入他人工位是否请示	□是□否	
		是否在工位内抽烟、吃东西、使用手机等	□是□否	
8	安全事项	是否正确穿戴使用防护用品	□是□否	
		是否遵守设备使用规定	□是□否	
		试件固定是否牢靠，打磨方向是否安全	□是□否	
9	其他	其他严重违反考试规定或考试纪律的行为	□否决	
考试用时		考试用时是否符合要求	□是□否	
过程考核结论			合格□不合格□	
考评员		日期		
高级考评员		日期		

说明：

(1)实行扣分制,总分100分,每产生一个"否"项,扣2分,每项不重复扣分。

(2)产生"否决"项,监查结论为"不符合过程控制要求"。

(3)过程控制结果无"否决"项,且得分≥90分,监查结论为"合格"。

(4)过程控制结果无"否决"项,但得分<90分,监查结论为"不合格"。

3.2.6　焊后检查

焊接完成后须对焊接试件进行目视检验(VT)、渗透检验(PT)和射线检验(RT),试件目视检验(VT)合格后,方可进行其他无损检验项目;三个检验项目均合格,此项考试为合格。

焊后检查应按《民用核安全设备焊接人员操作考试技术要求(试行)》国核安发〔2019〕238号文。检测人员的资格应符合《民用核安全设备无损检验人员资格管理规定》(HAF602)的规定。

3.2.6.1　试件的检验项目和数量

操作考试试件的检验项目和数量见表3.5,表中目视检验试件数量即考试试件数量。

表 3.5　试件检验项目和数量

试件形式		试件形状尺寸/mm		检验项目/件		
		厚度	管径	目视检验	渗透检验	射线检验
对接接头	管对接	5	60	2	2	2

3.2.6.2　目视检验(VT)

1. 目视检验要求

（1）试件的目视检验按照《核电厂核岛机械设备无损检测》(NB/T 20003)要求的条件和方法进行。

（2）考试试件的目视检验设备和器材一般包括：焊接检验尺、直尺、坡度仪、放大镜（放大倍数不超过6倍）、照度计、18％中性灰卡、白炽灯、强光灯和专用工具等。

（3）用于考试试件目视检验的焊接检验尺、直尺和照度计应每年检定一次。

（4）考试试件的焊缝目视检验一般在焊后（焊接完成冷却至室温后），考试试件焊缝及焊缝两侧各25 mm 宽的区域，手工焊板对接试件两端20 mm 内的区域不进行检验。

（5）试件焊缝的外观检验应符合要求：焊缝表面应是焊后原始状态，不允许加工修磨或返修。

（6）背面焊缝的凸起应≤3 mm。

（7）焊缝外形尺寸应符合表3.6的要求。焊缝表面不得有裂纹、未熔合、夹渣、气孔、焊瘤和未焊透。焊缝表面咬边和背面凹坑应符合表3.7的要求。

表 3.6　焊缝外形尺寸要求

焊缝余高/mm	焊缝余高差/mm	焊缝宽度/mm	
		比坡口每侧增宽	宽度差
0～4	≤3	0.5～2.5	≤3

表 3.7　焊缝表面咬边和背面凹坑尺寸要求

缺陷名称	允许的最大尺寸
咬边	深度≤0.5 mm；焊缝两侧咬边总长度不得超过焊缝长度的10％
背面凹坑	管对接试件，深度≤0.5 mm；管-板角接试件，深度≤1 mm；总长度不超过焊缝长度的10％

注：（1）管对接试件的错边量≤0.5 mm。

　　（2）所有试件外观检验的结果均符合表3.7中各项要求，该项试件的外观检验为合格，否则为不合格。

2. 目视检测项目

目视检测项目包括焊缝余高、焊缝余高差、焊缝宽度差等。

（1）焊缝余高和焊缝余高差。

①焊缝余高。超出表面焊趾连线上的部分是焊缝金属的高度(H)，如图 3.20 所示。

②焊缝余高差。一般指焊缝上余高的高低度之差（焊缝余高差 = $H_1 - H_2$），如图 3.21 所示。

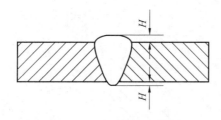

图 3.20　焊缝余高示意图

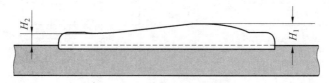

图 3.21　焊缝余高差示意图

（2）焊缝宽度差。

①焊缝宽度。单道焊缝横截面中，两焊趾之间的距离称为焊缝宽度，如图 3.22 所示。

②焊趾。焊缝表面与母材的交界处称为焊趾。

③熔深。在焊接接头横截面上，母材熔化的深度称为熔深。

④宽度差。一般指焊缝宽度最大值和最小值之差（宽度差 $= B_1 - B_2$），如图 3.23 所示。

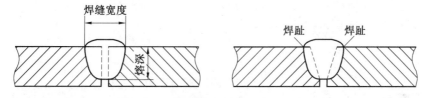

图 3.22　焊缝宽度示意图

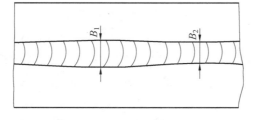

图 3.23　焊缝宽度差示意图

（3）比坡口每侧增宽。

在焊缝界面中，将母材熔化并熔入焊缝的宽度 $= 50 - (49.5 \sim 47.5) = 0.5 \sim 2.5$，如图 3.24 所示。

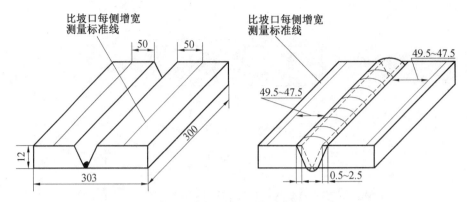

图 3.24　比坡口每侧增宽示意图(mm)

(4)变形角度。

变形角度如图 3.25 所示,图中 T 为厚度。

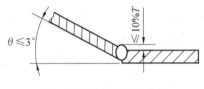

图 3.25　变形角度示意图

(5)错边量。

错边量如图 3.26 所示。

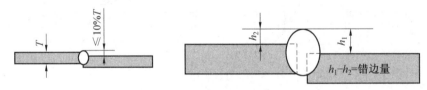

图 3.26　错边量示意图

(6)裂纹。

焊接裂纹是指在焊接应力及其他致脆因素共同作用下,焊接接头中焊缝或热影响区局部的金属原子结合力遭到破坏,形成的新界面产生的缝隙,它具有尖锐缺口和大的长宽比的特点。

在焊接生产中出现的裂纹形式多种多样,有的裂纹出现在焊缝表面,肉眼就能观察到;有的裂纹隐藏在焊缝内部,不通过探伤检查就不能发现;有的裂纹产生在焊缝中;有的裂纹则产生在热影响区中。

由于焊接裂纹具有尖锐的缺口和大的长宽比的特点,易引起强烈的应力集中,并具有扩展延伸的趋势,导致结构破坏断裂,是最危险的缺陷。

对裂纹进行分类的方法很多,主要有以下几种。

①按裂纹存在的方向分类,如图 3.27 所示。

纵向裂纹:平行于焊道方向的裂纹。

横向裂纹:垂直于焊道方向的裂纹。

②按裂纹存在的位置分类,如图 3.28 所示。

焊道裂纹:在焊道中产生的裂纹。

热影响区裂纹:在焊接热影响区内产生的裂纹。

弧坑裂纹:在弧坑中产生的热裂纹。

焊根裂纹:沿应力集中的焊缝根部形成的焊接裂纹,如图 3.29 所示。

其他:如内部裂纹、表面裂纹、贯穿性裂纹等。

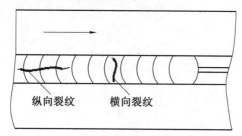

图 3.27　按裂纹存在的方向分类

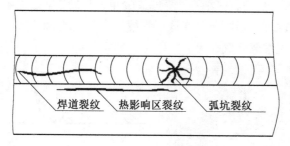

图 3.28　按裂纹存在的位置分类

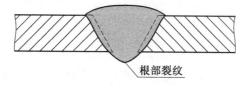

图 3.29　焊根裂纹示意

(7)未焊透与未熔合。

未焊透与未熔合都是焊接接头结合不完全的现象,既可能出现在接头根部或焊缝表面,也可能出现在接头中间,无法直接观察到。

①未焊透。

未焊透是指焊接时接头根部未完全熔透的现象,对于对接焊缝也是指焊缝深度未达到设计要求的现象,如图 3.30 所示。未焊透直接减小接头的有效面积,降低了焊缝的承载能力,并易在根部尖角处产生较大的应力集中,诱发产生裂纹,是一种危害性较大的缺陷。

②未熔合。

未熔合是指熔焊时,焊道与母材之间或焊道与焊道之间未完全熔化结合的部分,如图 3.31 所示。一般情况的未熔合多为面性缺陷,易产生很大的应力集中,其力学性质类似于裂纹,因此危险性较大,同时未熔合的检验难度较高,使其危害程度也加大。

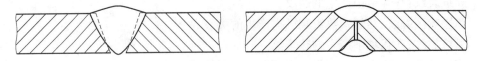

图 3.30　未焊透

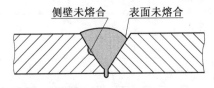

图 3.31　未熔合

(8)夹渣。

夹渣是指焊后残留在焊缝中的焊渣,如图 3.32 所示,夹渣分为夹杂物和夹钨两种。

夹渣的几何形状不规则,往往存在棱角或尖角,易造成应力集中,常是裂纹的起源。同时夹渣也削弱了焊缝的有效面积,降低了焊缝的力学性能,易使焊接结构在承载时遭受破坏,因此夹渣的危害性较之气孔更大。

图 3.32　夹渣

(9)气孔。

气孔是指焊接时,熔池中的气泡在凝固时未能逸出而残留下来形成的空穴,如图3.33所示。气孔会减少焊缝的有效面积,降低焊缝的承载能力,造成应力集中;当与其他缺陷构成贯穿性缺陷时,破坏焊缝的致密性;连续气孔是导致结构破坏断裂的重要原因。

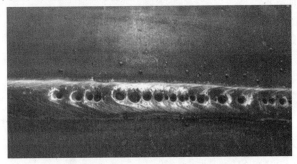

图 3.33　气孔实物照片

气孔的种类有以下几种划分方式。

①根据气孔存在的位置,可以将气孔分为内部气孔(存在于焊缝内部)和外部气孔(开口于焊缝表面的气孔),如图 3.34 所示。

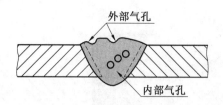

图 3.34 按气孔存在的位置分类

②根据气孔的分布状态及数量,可以将气孔分为疏散气孔、密集气孔和连续气孔。

③根据气孔形状,可以将气孔分为密集气孔、条虫状气孔和针状气孔等,如图 3.35 所示。

④根据产生气孔的气体种类,可以将气孔分为氢气孔、一氧化碳气孔和氮气孔等。

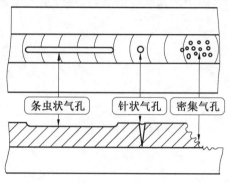

图 3.35 按气孔形状分类

(10)焊瘤。

焊瘤是指焊接过程中,熔化金属流淌到焊缝之外未熔化的母材上所形成的金属瘤,如图 3.36 所示。

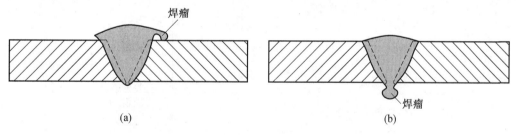

(a)   (b)

图 3.36 焊瘤

(11)咬边。

咬边是指由于焊接参数选择不当,或操作方法不正确,沿焊趾的母材部位产生的沟槽或凹陷,如图 3.37 所示。

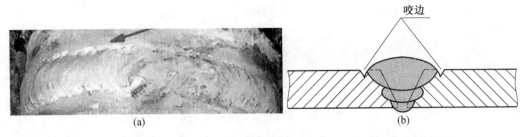

图 3.37　咬边

（12）凹坑与弧坑。

凹坑是指焊后在焊缝表面或焊缝背面形成低于母材表面的局部低洼部分。弧坑也是凹坑的一种，它是指弧焊时，由于断弧或收弧不当，在焊道末端形成低于母材表面凹陷现象，如图 3.38 所示。

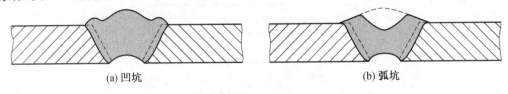

(a) 凹坑　　　　　　　　　　　　　(b) 弧坑

图 3.38　凹坑与弧坑

3. 目视检验工艺卡

目视检验工艺卡见表 3.8。

表 3.8　目视检验工艺卡

民用核安全设备焊接人员操作考试		目视检验工艺卡			编号：VT-03
适用的焊接方法及试件形式		手工钨极惰性气体保护电弧焊（手工，GTAW）：管对接（单面焊双面成型）			
检测时机	焊后冷却至室温	检验区域	焊缝及焊缝两侧各 25 mm 宽的区域	检测比例	100%
检验类别	VT-1	检验方法	直接目视	被检表面状态	焊后原始状态
分辨率试片	18% 中性灰卡	分辨率	≤0.8 mm 黑线	表面清理方法	擦拭
测量器具	焊检尺、直尺	器具型号	40 型/60 型/MG-8 等	照明方式	自然光/人工照明
照明器材	手电筒/强光灯	表面照度	540～2 500 lx	检测人员资格	Ⅱ级或Ⅱ级以上人员
检验规程	HGKS-VT-01-2020		验收标准	国核安发〔2019〕238 号5.2 条款	

续表3.8

民用核安全设备 焊接人员操作考试	目视检验工艺卡	编号:VT-03

检测步骤及技术要求:

(1)试件确认:核对并记录试件编号、测量试件尺寸和记录试件规格等。

(2)表面清理:用布擦拭被检表面。

(3)照度测量:用照度计测量环境照度,要求有充足的自然照明或人工照明,应无闪光、遮光或炫光。

(4)灵敏度测试:将18%中性灰卡置于被检表面,在符合要求的照度前提下,能分辨出灰卡上一条宽0.8 mm的黑线。

(5)焊缝尺寸测量:利用焊接检验尺测量焊缝余高和宽度的最大值和最小值,不取平均值,背面焊缝宽度可不测量,背面焊缝余高利用专用工具测量其最大值。

(6)被检表面缺陷检查:①检查焊缝表面是否有裂纹、未熔合、夹渣、气孔、焊瘤、咬边和凹坑等表面缺陷。背面凹坑应测量其深度和长度,深度利用专用工具测量其最大值。

②检查时眼睛与被检面夹角不小于30°,眼睛与受检面距离≤600 mm。

③辅助工具包括:专用工具、6倍以下放大镜、直尺、毛刷和记号笔等。

(7)记录:适时记录检验参数。

(8)后处理:检验完毕,清点器材,试件归位。

(9)评定与报告:根据国核安发〔2019〕238号5.2条款规定做出合格与否结论,出具目视检验报告。

编制/日期:		级别:	审核/日期:		级别:

4.目视检验报告

目视检验报告见表3.9。

表3.9　目视检验报告

民用核安全设备 焊接人员操作考试		目视检验报告		报告编号: 共　页　第　页	
委托单号	—	试件名称	考试试件	试件编号	A01
试件形式	管对接	试件规格	φ60×5 mm	材　质	06Cr19Ni10
焊接方法	GTAW	焊接位置	PH	坡口形式	V形
被检表面状态	焊后原始状态	表面清理方法	擦拭	检验类别	VT-1
检验方法	直接目视	检验时机	焊后冷却 至室温	检验区域	焊缝及焊 缝两侧各 25 mm宽 的区域
检验比例	100%	检验器具	焊检尺、直尺	器具型号	HJC60型
分辨率试片	18%中性灰卡	分辨率	≤0.8 mm黑线	照明方式	人工照明
表面照度	540~2 500 lx	检验规程 及版本	HGKS-VT- 01-2020	考试标准 及版本	国核安发 〔2019〕238 号5.2条款
焊缝余高	1.0~1.5 mm	裂　纹		无	
焊缝余高差	0.5 mm	未熔合		无	

续表3.9

民用核安全设备焊接人员操作考试	目视检验报告		报告编号：
			共 页 第 页
焊缝宽度	10~11 mm	夹 渣	无
宽度差	1 mm	气 孔	无
比坡口每侧增宽	1.0~1.5 mm	焊 瘤	无
焊缝边缘直线度	—	未焊透	无
背面焊缝余高	1.0~1.5 mm	咬 边	无
背面焊缝余高差	—	背面凹坑	无
双面焊背面焊缝宽度	—	变形角度	—
双面焊背面焊缝宽度差	—	错边量	0.1 mm
角焊缝焊脚尺寸	—	角焊缝凹凸度	—
检验结果	合格[　]	不合格[　]	
检验者/日期:XXX	级别:Ⅱ	审核者/日期:XXX	级别:Ⅱ
批准者/日期:XXX			

3.2.6.3 渗透检验(PT)

1.渗透检验要求

(1)试件的渗透检验。

试件的渗透检验应按照《核电厂核岛机械设备无损检测》(NB/T 20003.4)的要求进行,焊缝质量应符合1级焊缝的检验要求。

(2)执行渗透检验人员。

执行渗透检验人员经培训考核并按《民用核安全设备无损检验人员资格管理规定》(HAF602)取得民用核安全设备渗透检验资格证书。渗透检验人员应从事与该资格等级相应的渗透检验工作,并承担相应的技术责任。

(3)检验的材料。

检验的材料为铁素体钢、奥氏体不锈钢及经批准确定的材料。

(4)渗透检验试剂。

渗透检验试剂应配套使用,不同厂家、不同牌号的渗透检验试剂不得混用。所使用的渗透检验材料灵敏度至少应符合GB/T 18851.2规定的2级水平。

(5)清洗剂和水。

①液体溶剂丙酮或乙醇,仅用于预清洗和后清洗。

②用于去除多余渗透剂的溶剂或水允许的有害元素最大含量:氯和氟总含量不大于200 mg/L;硫含量不大于200 mg/L。

（6）显像剂。

显像剂中允许的有害元素最大含量：氟和氯总质量不大于 200 mg/L；硫质量不大于 200 mg/L。

（7）工具。

工具可用刷子或喷罐施加试剂，采用 B 型镀铬标准试块。

（8）辅助设备。

①照度计用于测量白光照度，并应每年检定（或校准）一次。仪器修理后重新检定。

②测温装置用于测量被检件表面温度，并应每年检定（或校准）一次。仪器修理后重新检定。

2. 工作（操作）方法

（1）表面准备。

表面清洁区域应包含被检表面及其周围至少 25 mm 的区域。

①一般来说，保持试件机加工及焊接后状态就可得到满意的表面条件。若表面高低不平，有可能遮盖缺陷，则可以采用抛光方法制备表面。

②渗透检验前，受检表面及相邻至少 25 mm 的区域应是干燥的，且不应有任何可能堵塞表面开口或干扰检验进行的污垢、油脂、纤维屑、锈皮、焊渣、焊接飞溅物和油等其他外来物质。

③可采用去污剂、有机溶剂、除锈剂和除漆剂等清洁剂清洁受检表面。

④渗透检验前，不应进行喷砂或喷丸处理。

（2）检验时机与范围。

①检验时机。考试试件的渗透检验应在焊接前完成，目视检验合格后进行。

②检验范围。考试试件焊缝包括距坡口边缘至少 5 mm 范围内母材区域，这些检验应在焊缝外表面和能够实施的内表面上进行，检验具体范围见表 3.10。

表 3.10　考试试件焊缝检验范围

焊接方法	试件形式	焊缝[①]
手工钨极惰性气体保护电弧焊（手工）GTAW	管对接	1 面焊缝

注：① 1 面—板上表面，管外表面；2 面—板上下表面，管内外表面。

（3）工件表面温度。

渗透检验时，工件表面温度应控制在 10 ~ 50 ℃。

（4）预清洗及干燥。

①预清洗。应使用清洁剂和水清洗受检表面。

②预清洗后干燥。预清洗后采用自然蒸发、擦拭或通风进行干燥。

（5）灵敏度试验。

①渗透检验时，应使用 B 型镀铬试块校验渗透检验系统灵敏度及操作工艺正确性，试块上 3 个辐射状裂纹均应清晰显示。

②灵敏度试验可与对被检工件施加渗透剂的工艺同时进行，若 B 型镀铬试块 3 个辐射状裂纹不能清晰显示，则渗透检验均应视为无效，待灵敏度试验合格后检验。

（6）施加渗透剂。

①采用刷涂或喷罐喷涂,应使渗透剂均匀覆盖整个受检表面。

②渗透剂停留时间至少为 10 min。

③被检表面上的渗透剂薄膜在整个渗透时间内应保持湿润状态。

④受检部位以外的表面尽可能避免沾染渗透剂。

（7）去除多余渗透剂。

多余渗透剂应完全去除干净,但防止过清洗。

①对水洗型渗透剂,可用干燥、干净、不脱毛的布或吸湿纸擦拭,也可用水冲洗,但应注意水压不应超过 345 kPa;水枪口与受检面距离应控制在 200~300 mm;水温不应超过 40 ℃;水洗过程中,尽可能缩短受检表面与水接触时间。

②对溶剂去除型渗透剂,可用干燥、干净、不脱毛的布或吸湿纸擦拭。

（8）干燥。

①对于水洗型渗透剂去除干燥,可使用清洁的吸水材料将表面吸干,或采用循环热风吹干,但被检表面温度不应超过 50 ℃;对于溶剂去除型渗透剂,可采用自然蒸发、擦拭或强制通风等方法干燥表面。

②为防止过分干燥或干燥时间过长,造成缺陷中的渗透剂挥发,应注意干燥时间和受检面上的干燥情况。当受检表面湿润状态一消失,即表明所需的干燥度已达到。

（9）显像。

①施加显像剂。

a. 当达到上述干燥度时,应立即施加显像剂。

b. 采用喷罐喷涂,应能保证整个受检区域完全被一均匀薄层显像剂覆盖。

c. 为获得均匀的显像剂薄层,施加显像剂前,应晃动喷罐,使罐内显像剂粉末呈完全悬浮状态。

②显像后干燥。施加显像剂后应自然蒸发;也可以用无油、洁净、干燥的压缩空气吹干。

（10）观察。

①观察显示应在显像剂干燥过程中显示刚开始出现时就进行,注意显示的变化。

②观察应在受检面上可见光(自然光或灯光)照度不低于 500 lx 的条件下进行。

注:a. 照明灯光不应直照观察者眼睛。

b. 观察和评定时可以使用倍数不大于 10 倍放大镜。

③随着显像时间的延长,显示出的点状或线状显示会被放大。红色显示的直径、宽度以及色彩深度会给出一些信息;另一方面,显示出现的速度、形状和尺寸在缺陷定性时也能提供一些信息。

④如出现背景过深而影响观察,则该区域应重新检验。重新检验时,必须对受检表面进行彻底清洗,以去除前次检验留下的所有痕迹,然后用同样的渗透材料重复液体渗透检验的全过程。

注:清洗时应特别注意,因为前一次检验后,有可能存在渗透剂残留在缺陷中,重新检验时,会影响新渗透剂的进入。

（11）显示评定与验收标准。

①显示评定。

a.显示评定应在显像剂干燥后进行，一般不少于 7 min，最长时间不超过 60 min。

b.显示分类。显示分为线性显示和圆形显示，线性显示是长度与宽度比大于 3 的显示；圆形显示是除线性显示外的所有显示。

注：随着显像时间的延长，某些较细小的线形显示最终由于放大转变为圆形显示，对于此类显示，应作为线形显示评判。

②验收标准。

应按下列要求验收。

a.记录标准。尺寸大于 2 mm 的相关显示应予记录；任何一组排列紧密且分布长度超过 20 mm 的显示群，即使其中的显示尺寸小于记录阈值，也应进一步分析确定其性质。

b.下列相关显示应予拒收。

线性显示。

尺寸大于 4 mm 的圆形显示。

在同一直线上有 3 个或 3 个以上显示，且其间距小于 3 mm。

在缺陷显示最严重的区域内，任意 100 cm² 矩形区域（最大边长不超过 20 cm）内；有 5 个或 5 个以上显示。

（12）后清洗。

检验完成后，应立即去除检验中余留在受检件上的渗透检验试剂，并干燥受检件。

3.渗透检验工艺卡

渗透检验工艺卡见表 3.11。

表 3.11　渗透检验工艺卡

民用核安全设备焊接人员操作考试		渗 透 检 验 工 艺 卡				编号：PT-04	
试件名称	管对接试件	材质	06Cr19Ni10	规格	见注	试件形式	—
面要求	焊态	检验部位	焊缝及热影响区	检验比例	100%	焊接方法	见注
检验时机	焊后	检验方法	ⅡA-d□ ⅡC-d□	检验温度	10～50 ℃	标准试块	B 型
渗透剂	—	去除剂	水□ 溶剂□	显像剂	—	观察方法	目视
渗透时间	10 min	干燥时间	自然干燥	显像时间	≥7 min	可见光	≥500 lx
渗透剂施加方法	刷或喷	去除剂施加方法	吸干□ 擦拭□	显像剂施加方法	喷	检验规程	—
水温	≤40 ℃ （水洗型时）	水压	≤345 kPa （水洗型时）	验收标准	第 11 条		

续表3.11

民用核安全设备 焊接人员操作考试	渗透检验工艺卡	编号:PT-04

检验部位示意图:

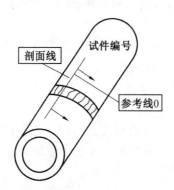

剖面线　　试件编号

参考线0

注:适用的焊接方法及试件形式为

(1)手工钨极惰性气体保护电弧焊(手工)GTAW φ60×5　□

(2)电子束焊 EBW　　　　　　　　　　　　φ273×4　□

序号	工序名称	操作要求及主要工艺参数
1	表面准备	使用钢丝盘磨光机打磨去除表面及两侧 25 mm 范围内的焊渣、飞溅及焊缝表面不平的被检面
2	预清洗	用清洗剂将被检面清洗干净
3	干燥	自然干燥
4	渗透	刷或喷施加渗透剂,使之覆盖整个被检表面,在整个渗透时间内保持润湿,渗透时间不少于 10 min
5	去除	对水洗型渗透剂,可以用干燥、干净、不脱毛的布或吸水纸擦拭,也可以用水冲洗,多余渗透剂应完全去除干净,但应防止过清洗;对于溶剂去除型渗透剂,可以用干燥、洁净不脱毛的布或吸湿纸擦拭受检表面,去除绝大部分的多余渗透剂,然后用蘸有溶剂的不脱毛布或湿纸轻擦表面
6	干燥	当受检表面湿润状态消失,即表明显像所需的干燥度已达到
7	显像	喷罐喷涂,保证整个受检区域完全被一均匀薄层显像剂覆盖,显像时间不少于 7 min
8	观察	显像剂施加后 7～60 min 内进行观察,被检面处白光照度应≥500 lx,必要时可用 5～10 倍放大镜进行观察
9	复验	重新检验时,必须对受检表面进行彻底清洗,以去除前一次检验留下的痕迹,然后用同样的渗透材料重复液体渗透检验的全过程
10	后清洗	检验完成之后,应立即彻底去除检验中余留在受检件上的渗透检验试剂,并干燥受检件
11	评定与验收	按 3.2.6.3 节第 2 小节第 11 节进行评定与验收
12	报告	按 3.2.6.3 节第 4 小节出具报告
备注		

编制/日期		级别		审核/日期		级别

4.渗透检验报告

民用核安全设备焊接人员操作考试渗透检验报告见表 3.12。

表 3.12　民用核安全设备焊接人员操作考试渗透检验报告

民用核安全设备焊接人员操作考试				渗透检测报告			报告编号:	
委托单位					被检件材质			
检验部位/比例			焊接方法			检验编号		
检验时机			坡口形式			检验规程/版本		
试 剂		类　别		商　标		牌　号		批　号
	渗透剂	着　色						
	清洗剂	水洗□　溶剂型□						
	显像剂	湿显像剂						
工 具		商　标		型　号			编　号	
	温度计							
	照度计							
检 验 条 件	表面状态	粗糙□　打磨□　机加□　钢刷□　抛光□						
		受检件温度：_____℃						
	预清洗	已做□　　　未做□			清洗剂：　　　□			
		干燥方法:自然蒸发□			干燥时间:_____min			
	渗透剂施加	施加方法:刷涂□　喷涂□			渗透时间:_____min			
	去除	方法:水洗□　溶剂□　不起毛的布条或纸擦去□　其他□						
		干燥方法：　自然蒸发□						
	显像剂 施加	方法:喷涂□　　刷涂□						
		干燥方法：　自然蒸发□		评定时间：　　min				
	照　明	自然光□　　人工照明□		光照度：　　lx				
检验部位示意图：								
缺陷描述： 1.圆形缺陷_____处,最大缺陷尺寸_____； 2.线形缺陷_____处,最大缺陷尺寸_____； 3.危害性缺陷_____处,最大缺陷尺寸_____,缺陷性质为_____。 4.有无横向缺陷:有□　　　无□								
结论:合　格□　　　不合格□　　共发现缺陷_____处								
检验者/日期		级别		审核/日期			级别	
批准者/日期								

3.2.6.4　射线检验(RT)

1.射线检验要求

(1)设备和器材及其选用。

①射线源。

下列射线源均可使用。

a.X 射线:X 光机,其最大电压不得超过图 3.39 的规定,对于某些被检区内厚度变化较大的工件(如余高较大、小径管焊缝等),透照时可使用稍高于图 3.39 中的管电压,最大允许提高量为 50 kV。

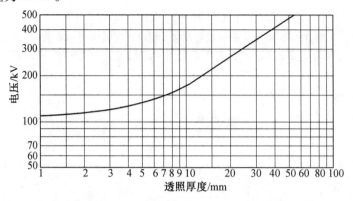

图 3.39 不同透照厚度钢允许的 X 射线最高透照管电压

b. γ 射线:Se-75,其透照厚度≤40 mm。

c. γ 射线:Ir-192,其透照厚度范围为 10～90 mm。

注:只有按照本规程附录工艺卡执行时,Ir-192 的透照厚度范围下限才可降低为10 mm。

采用 γ 射线检测时,总的曝光时间应不少于输送源往返所需时间的 10 倍。

②胶片。

胶片系统分为 6 个等级(C1～C6),胶片应在制造商规定的有效期内使用,至少每 6 个月测试一次灰雾度,灰雾度不得超过 0.3。

采用 X 射线检测时,应使用 C4 及以上的胶片;采用 γ 射线时,应使用 C2 及以上的胶片。

本规程应使用双片透照技术,即在暗盒中装有两张分类等级相同或相近的两张胶片。

③增感屏。

应使用铅增感屏,并根据表 3.13 的要求选取。

表 3.13　增感屏的选取

射线源	前屏厚度/mm	中屏厚度/mm	后屏厚度/mm
X 射线(100～500 kV)	0.05～0.15	不用或 2×0.05	0.05～0.20
Se-75,Ir-192	0.20～0.25	2×0.1	0.20～0.25

④滤光板。

采用 γ 射线检测时,必须使用铅制滤光板,滤光板的厚度为 0.5 mm,并在一角上钻有直径为 3 mm 的孔;射线检测时,滤光板置于被检件和暗盒之间,也可以装在暗盒内靠近射线源一侧;采用 X 射线检测时,不强制使用滤光板。

⑤遮挡板。

遮挡板由一层或多层铅板组成,它紧贴于暗盒后部(也可位于暗盒内和增感屏之后),其厚度至少为 2 mm。

⑥像质计。

应选用 JB/T 7902 标准规定的钢质线型像质计,并根据透照方式和工件厚度按表 3.14的要求选取。

⑦黑度计。

应采用校准合格的黑度计测试底片的黑度值,其可测的最大黑度值应不小于4.5。

黑度计首次使用、维修后及此后每6个月至少采用标准黑度底片校验一次,并出具校验报告。这种校验应在0~4.3的黑度范围选择至少8个分布均匀的阶梯黑度区,所测得的黑度偏离值应在0.1之内。此外,在每班工作连续使用8 h后或测量光圈改变时,都应进行验证,验证读数不需要记录。

⑧标准黑度片。

标准黑度片至少有8个阶梯黑度区,任意相邻黑度区的黑度值之差应基本相同,最小黑度区的黑度值应不超过0.5,最大黑度区的黑度值至少应为4.0。

标准黑度片至少每两年校准一次。

⑨观片灯。

观片灯的最大亮度应符合评片的规定要求。如果待评底片小于观片窗口或包含低黑度区域时,应采用遮光板将多余的光线遮掉。

⑩显影液和定影液。

显影液和定影液应使用与胶片相同制造厂家生产的药液,且在有效期内使用。

2. 工作(操作)方法

(1)表面制备。

采用合适的方法修整焊缝表面的高低不平,直至在射线底片上形成的影像不至于遮蔽任何缺陷的图像或与其相混淆。

对于板/管焊接的角焊缝,在不破坏焊缝形状和外观的前提下,尽可能将多余的管材切除。

(2)检验时机与范围。

①检验时机。考试试件的射线检验应在焊接完成、目视检验合格后进行。

②检验范围。检验区域包括焊缝及其两侧至少5 mm范围内的邻近区域,手工焊平板对接焊缝两端各20 mm不作为评定区域。

(3)胶片透照技术。

应使用双胶片透照技术(暗盒中装有两张同类型胶片)。

(4)几何不清晰度。

几何不清晰度应≤0.3 mm。按下式计算几何不清晰度:

$$U_g = \frac{d \times b}{F-b}$$

式中,U_g为几何不清晰度,mm;d为射线源焦点尺寸,mm;b为被检工件的射线源一侧和胶片之间的距离,即管-板厚度,mm;F为焦距,mm。

射线源焦点尺寸d的计算方法见附录1。

(5)透照方式。

①透照方式包括单壁透照法、双壁单影法和双壁双影透照法,相关试件的透照方式见表3.14。

表 3.14　透照方式规定

序号	试件规格	放射源种类	透照方式	像质计位置	灵敏度丝号/丝径	工艺卡
1	φ60×T5	X 射线	双壁双影—垂直透照	射源侧	14/0.16 mm	见表 3.17

②射线源、焊缝和胶片的几何布置要求见表 3.17 射线检测工艺卡。

③透照布置。

a.采用垂直透照,每个管至少间隔 60°或 120°透照 3 次。

b.可以选用专用线型像质计(等丝像质计),也可以选用线型像质计。像质计应置于射线源侧横跨焊缝并与焊缝方向垂直,选用专用线型像质计时,底片上至少识别两根钢丝;选用线型像质计时,所识别的钢丝尽量位于射线束的中心,确保至少有 10 mm 丝长显示在黑度均匀的母材区域。当一张胶片同时透照多条焊缝时,像质计放置在透照区最边缘的焊缝处。

(6)搭接标记。

应使用数字或箭头(↑)作为搭接标记,搭接标记放在工件上,不能放在暗盒上。采用双壁单影和中心曝光时,搭接标记放在胶片侧,其余情况搭接标记置于射线源侧。

(7)识别标记。

在射线底片上,至少显示公司标志、焊缝编号(或试件代号)、厚度和日期等识别标记。识别标记可以通过射线照相的方式,也可以采用曝光印刷的方式体现在底片上。在任何情况下,底片上的识别标记不得妨碍底片被检区域的评定。

(8)散射线的控制。

为测定背散射是否到达胶片,将一个高度 ≥13mm 和厚度 ≥1.6 mm 的铅字"B"在曝光时贴到每个胶片暗袋的背面。如果"B"的淡色影像出现在背景较黑的射线照相底片上,即表示背散射线的屏蔽不充分,该射线底片认为不合格;如果"B"的黑影像出现在较淡的背景上,不能作为底片不合格的原因。

(9)底片的搭接。

在保证底片黑度的前提下,采用中心曝光时允许底片存在一定的搭接现象。

(10)参考底片。

当首次使用射线检测规程时,应拍摄一套符合要求的参考底片。当下列透照技术或参数发生改变时,应重新拍摄参考底片。

①射线性质。

②透照方式。

③胶片型号。

④增感屏和滤光板类型。

⑤胶片处理方式。

参考底片可单独拍摄,也可以从被检工件的合格底片中选取,但在任何情况下,参考底片均应单独增加识别标记"YZ"。

(11)暗室处理。

胶片尽量在曝光后的 8 h(不得超过 24 h)之内按照胶片供应商推荐的条件进行暗室

处理,以获得选定的胶片系统性能。采用手动或自动处理方式,当采用自动洗片机冲洗胶片,还应参照自动洗片机供应商推荐的要求进行。

处理后的底片测试硫代硫酸盐离子的含量,通常将经过处理未使用过的胶片用胶片制造商推荐的溶液进行化学蚀刻,将得到的图像与代表各种浓度的典型图像在日光下进行肉眼对比,据此评定硫代硫酸盐离子的含量,测得的硫代硫酸盐离子的浓度应低于 $0.05\ g/m^2$,如果测试结果大于该值,应停止暗室处理,采取纠正措施,并对所有测试不合格底片重新冲洗。上述实验应在胶片处理后的一周内进行。

(12)评定。

①底片黑度。

黑度范围如下。

采用单片观察时,底片黑度应在 $2.0 \sim 4.0$。

采用双片观察时,双片最小黑度应为 2.7,最大黑度应为 4.5,同时每张底片相同点测量的黑度值差不得超过 0.5,评定区域内的黑度应是逐渐变化的,所有底片都应进行观察和分析。

②底片质量。

所有的射线底片不能有妨碍底片评定物理、化学的污损,污损包括下列各种,但并不限于下列几种。

a. 灰雾。

b. 处理时产生的缺陷,如条纹、水迹或化学污损等。

c. 划痕、指纹、褶皱、脏物、静电痕迹、黑点或撕裂等。

d. 由于增感屏上有缺陷产生的伪显示。

注:如果污损不严重,并且只影响同一个暗盒内的 1 张胶片,则不需要重新拍摄这张胶片对应的部位。

③底片观察技术。

除小径管焊缝、管与板角接焊缝可以采用单片观察和双片观察外,所有的底片均采用单片观察技术。

(13)验收标准。

具有下列任何一种情况的焊接接头视为不合格。

①任何裂纹、未熔合、未焊透。

②最大尺寸大于表 3.15 中相对应的形缺陷。

表 3.15　公称厚度与单个圆形缺陷长径的对应关系

厚度 t/mm	圆形缺陷长径/mm
$t \leqslant 4.5$	$t/3$
$4.5 < t \leqslant 6$	1.5
$6 < t \leqslant 10$	2
$10 < t \leqslant 25$	2.5

③在 12t mm 或 150 mm 两值中较小的长度内,任一组长径累积尺寸大于 t 的圆形缺陷。若两个圆形缺陷间距小于其中较大缺陷尺寸的 6 倍,则把这两个圆形缺陷视作同一组圆形缺陷。

④最大尺寸大于表 3.16 长度规定值的任何单个条形缺陷。若两个条形缺陷间距小于其中较小缺陷尺寸的 6 倍,则把这两个条形缺陷视作同一个缺陷,其长度为这两个条形缺陷长度之和(含间距长度)。

⑤在 12t 的长度内,任一组累计长度超过 t 的条形缺陷。若两个条形的间距小于较大缺陷尺寸的 6 倍,则把这两个条形缺陷视作同一组条形缺陷(累计长度不包括间距)。

表 3.16　公称厚度与单个条形缺陷长度的对应关系

厚度 t/mm	单个条形缺陷长度/mm
$t \leq 6$	1.5
$6 < t \leq 10$	3
$10 < t \leq 60$	$t/3$

注:当焊缝两边母材厚度一致时,t 为母材公称厚度,当焊缝两边母材厚度不一致时,t 为较薄部分的母材公称厚度。

3. 射线检验工艺卡

射线检验工艺卡见表 3.17。

表 3.17　射线检测工艺卡

焊缝类型	管对接焊缝
工件规格	$\phi 60 \times 75$ mm
检测区域	焊缝及两侧 5 mm
透照方式	双壁透照+双壁观察
射线源类型	X 射线
胶片类型/数量	(C1~C4)/2
滤光板类型及厚度	N/A
增感屏类型及厚度	前屏:铅(0.05~0.15 mm);中屏:不用或铅(2 mm×0.05 mm);后屏:铅(0.05~0.20 mm)
像质计位置	射线源侧
像质计类型及灵敏度	线型 10 FE JB 或线型 13 FE JB 或专用线型 FE 14 JB14(0.16 mm)
定位标记位置	射线源侧
几何不清晰度	≤ 0.3 mm
底片观察细则	单片观察+双片观察
底片黑度	单片评定区域 2.0~4.0 mm,双片评定区域 2.7~4.5 mm

续表3.17

| 布置简图 | 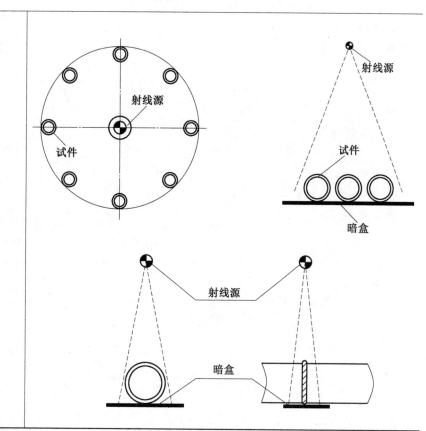 |

注:可以按上图多根管围成一个圆,也可以三根管并排摆放一起垂直透照,也可以单管垂直透照。

①三根管并排摆放透照时,应在最外的两根管上摆放像质计。

②每根管至少透照 3 张底片。

③焦距 $F \geqslant 600$ mm。

④射线源的焦点尺寸应满足几何不清晰度的要求。

⑤示意图不代表单次透照的管焊缝数量,在满足本规程的前提下,可以使用其他透照布置。

4.射线检验报告

(1)民用核安全设备焊接人员操作考试试件射线检验报告示例见表3.18。

(2)射线检验底片应和报告一起保存,保存时间不得低于 10 年。

表 3.18　民用核安全设备焊接人员操作考试试件射线检验报告

民用核安全设备 焊接人员操作考试	射　线　检　验　报　告				报告编号		
					页　　码		
试件名称		试件编号			试件规格		
材　　质		焊接方法			检验规程		
检验时机		检验部位			检验比例		
设备器材	射源类型	设备型号		设备编号		焦点尺寸	
	胶片牌号	胶片型号		胶片尺寸		胶片数量	
	IQI 类型	线型 □	IQI 型号	最小需见 孔/丝号		IQI 位置	源　侧□ 胶片侧□
	增感屏	前 屏	数量	中 屏	数量	后 屏	数量
			厚度 mm		厚度 mm		厚度 mm
	滤光板	厚度数量		背挡板		厚度	
	黑度计 型　号	黑度计 编　号		阶梯黑度 底　片		阶梯黑度 底片编号	
检验条件	管电压 kV	管电流	mA	活度	Ci	曝光时间	s
	焦距 mm	工件至胶 片距离	mm	Ug	mm	透照张数	
	透照方式	单壁□　内照□　分段□　中心□ 双壁□　外照□　周向□　偏心□				透照次数	
胶片处理	手　工　胶　片　处　理　　□			自　动　胶　片　处　理　　□			
	显影液	定影液		显影液		定影液	
	显影时间 min	显影温度	℃	设备厂家		设备型号	
	定影时间 min	定影温度	℃	冲洗时间	min	显定影液 温度	℃
	水洗时间 min	水洗温度	℃				
底片评定	单片评定　□	双片评定	□	单壁观察	□	双壁观察	□

底片评定记录

编号	黑度	IQI 指数	缺陷性质-尺寸-显示位置/mm	评定结果	备注
说明	C—裂纹;LF—未熔;IP—未焊透;W—夹钨;P—球型气孔;LP—条形气孔; WH—虫形气孔;CP—局部密集气孔;SI—夹渣、氧化物夹杂;CZ—重拍; SF—划伤,DD—显影缺陷;FD—片基缺陷;SD—增感屏缺陷				
备注					
结论	合　格□		不合格□	附图	有□	无□
评片		级别	复评		级别

3.2.6.5　结束语

奥氏体不锈钢管对接水平固定手工钨极惰性气体保护电弧焊技能项目是《民用核安全设备焊接人员操作考试技术要求》中获得相应操作资格的考试内容,该项操作技能的培训和考试,对体会奥氏体不锈钢的焊接特点,掌握不锈钢材料、全位置、单面焊双面成型手工钨极惰性气体保护电弧焊的操作技能至关重要。

第4章 手工钨极惰性气体保护电弧焊 碳钢管–板角接水平固定焊

根据《民用核安全设备焊接人员操作考试技术要求(试行)》,手工钨极惰性气体保护电弧焊碳钢插入式管–板角接水平固定焊是必须通过的门槛考试项目,本章就该项目操作技能相关内容进行阐述。

4.1 碳钢分类及焊接特点

4.1.1 碳钢的分类

碳钢是碳的质量分数为 0.021 8%～2.11% 的铁碳合金,也称为碳素钢。钢材的分类方法有很多,核安全设备中一般使用质量分类优质以上的碳素钢。

碳素钢的标准有国家标准,也有根据不同用途划分的行业标准。例如,GB/T 699—2015《优质碳素结构钢》、GB/T 700—2006《碳素结构钢》、GB/T 711—2017《优质碳素结构钢热轧钢板和钢带》、GB/T 11253—2019《碳素结构钢冷轧钢板及钢带》和 GB/T 13237—2013《优质碳素结构钢冷轧钢板和钢带》等标准。其牌号规则有两种,一种是数字在前,字母在后,例如 10Mn、20Mn、15Mn,其中数字代表碳的质量分数,字母代表合金元素;另一种是字母在前,数字在后,例如 Q215、Q235,其中数字代表钢材的屈服强度。

4.1.1.1 按照用途分类
(1)碳素结构钢。碳素结构钢分为工程构建钢和机器制造结构钢两种。
(2)碳素工具钢。
(3)易切削结构钢。

4.1.1.2 按照冶炼方法分类
(1)平炉钢。
(2)转炉钢。

4.1.1.3 按脱氧方法分类
(1)沸腾钢(F)。
(2)镇静钢(Z)。
(3)半镇静钢(b)。
(4)特殊镇静钢(TZ)。

4.1.1.4 按照碳含量分类
(1)低碳钢($w(C)\leqslant 0.25\%$)。
(2)中碳钢($w(C)$ 为 $0.25\%～0.6\%$)。
(3)高碳钢($w(C)>0.6\%$)。

4.1.1.5　按照钢的质量分类

(1)普通碳素结构钢(含磷、硫较高)。

(2)优质碳素结构钢(含磷、硫较低)。

(3)高级优质结构钢(含磷、硫更低)。

(4)特级优质结构钢。

4.1.2　碳钢的焊接特点

优质碳素结构钢是在普通碳素结构钢的基础上,较严格限制钢中的杂质元素(尤其是硫、磷元素的质量分数),控制晶粒度,改善表面质量而形成的。其强度随碳元素质量分数增高而增大,具有良好的综合机械性能,优良的强、韧性能比,抗脆断性能好,但是随着碳元素质量分数的增加,韧性及塑性下降,冷加工性变差,大厚板件冲压成型时必须加热至一定温度方可进行。

4.1.2.1　优质碳素结构钢的焊接性

优质碳素结构钢碳元素的质量分数在 $0.05\%\sim0.90\%$ 变化,钢材中碳元素的质量分数相差悬殊,焊接性也大不相同。总体趋势是随着钢中碳元素质量分数的增加,钢材的强度和硬度提高,由奥氏体转变为马氏体的开始温度(M_s)下降,转变的组织也由块状马氏体变成块状马氏体加孪晶马氏体,最后全部变成孪晶马氏体,使钢材的塑性和韧性大大下降,特别是焊接性严重恶化,容易产生焊道下裂纹、热影响区脆化裂纹等。

按一般的分类方法,优质碳素结构钢可以分为低碳($w(C)<0.25\%$)、中碳($w(C)=0.25\%\sim0.60\%$)和高碳($w(C)>0.60\%$)优质碳素结构钢。低碳优质碳素结构钢的焊接性类似于普通碳素结构钢 Q235;中碳优质碳素结构钢的焊接性由于碳元素的质量分数高达 0.6%,焊缝及近缝区容易产生低塑性的脆硬组织,因此焊接性较差;高碳优质碳素结构钢中的碳元素质量分数大于 0.60%,焊后更容易产生高碳马氏体,其淬硬倾向和裂纹的敏感性远高于中碳优质碳素结构钢,因此焊接性更差,高碳优质碳素结构钢不用于焊接结构,主要用于要求高硬度或耐磨的零部件等,工程上高碳优质碳素结构钢主要是用焊接方法进行修复。

4.1.2.2　优质碳素结构钢的焊接工艺特点

常用于焊接的低碳优质碳素结构钢主要是指牌号为 08、10、15、20 和 25 的钢,这些钢因含碳量较低,焊接性良好,可以采用任何焊接方法进行焊接,其焊接工艺类似于普通碳素结构钢;常用的中碳优质碳素结构钢有 35 钢、45 钢和 55 钢,这三种钢因含碳量较高,碳质量分数大于 0.4%,焊接性较差,焊接时必须采取一定的工艺措施,焊前应预热到 $150\sim250$ ℃,并保持该层间温度,采用低氢焊接工艺(如氩弧焊、二氧化碳气保焊和焊条电弧焊)时采用低氢型焊接材料,焊前严格清理待焊部件坡口两侧的油污、铁锈等,焊后进行 $600\sim650$ ℃的回火热处理。

高碳优质碳素结构钢经过热处理达到高硬度和耐磨性能要求,一般在修补焊接前进行退火处理,焊后进行热处理以恢复钢材的高硬度和耐磨性。焊接高碳优质碳素结构钢时,应采用低氢焊接工艺,焊条电弧焊时,考虑焊接接头与母材等强度以及由于含碳量高焊接性差等问题,必须采用高韧性、超低氢型焊接材料,焊前预热 $250\sim350$ ℃,并保持该层间温度,焊后缓冷,并进行(250～350)℃/2 h 去氢处理,如大型构件应立即进行焊后650 ℃的消除应力热处理。

4.2　考试项目焊接操作详解

4.2.1　碳钢管–板角接水平固定焊项目技能操作和要点简介

4.2.1.1　编写依据

(1)《民用核安全设备焊接人员资格管理规定》(中华人民共和国生态环境部令第5号)。

(2)《民用核安全设备焊接人员操作考试技术要求(试行)》国核安发〔2019〕238号文。

(3)《手工钨极惰性气体保护电弧焊(手工)(GTAW)考试规程》为民用核安全设备焊接人员操作考试标准化文件。

4.2.1.2　操作特点和要点

为叙述方便,本节均称"碳钢管–板水平固定角接手工钨极惰性气体保护电弧焊"为"GTAW–02"。

插入式管–板试件水平固定焊是焊接难度较大的一种焊接位置,主要原因在于熔池和焊丝熔化的熔滴由于自重下坠,成型困难。因此在培训过程中要严格控制热输入和冷却速度;焊接电流比立焊时要小;氩气流量要偏大;而焊接速度比垂直俯位和水平固定的速度都要快;送丝的频率加快,但要适当减少送丝量。其他如引弧、收弧、焊道接头以及焊丝、喷嘴与焊接试件的相对位置还有焊接顺序、焊接层次等要点均与插入式管–板试件垂直俯位焊时相同。本节以管件 $\phi60\times5$ mm、板厚 10 mm、材质 20# 和 Q345R 插入式管–板试件水平固定焊为例,以技能操作指导书形式进行阐述。

4.2.1.3　组合焊缝

1. 对接焊缝

如图 4.1 所示,可以把该焊缝当成管–管开单形坡口水平固定加障碍的对接焊缝。项目代号:HWS T GW 02 t10 D89.8 PH ss nb。

插入式接管焊缝的板(视为外径 89.8 mm)端开坡口对接焊缝,直径89.8 mm,熔敷厚度按板厚 10 mm,单面焊双面成型,焊接位置立向上水平固定(PH)。

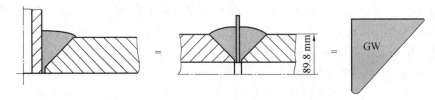

图 4.1　管–管垂直固定对接加障碍的坡口焊缝示意图

2. 角焊缝

如图4.2所示,可以把该焊缝当成管-板均不开坡口,试件形式管-板插入式角焊缝。项目代号:HWS P-T FW 02 T5 D60 PH mL。

插入式管-板不开坡口接管角焊缝,支管直径60 mm,支管壁厚5 mm,焊脚尺寸5~8 mm,多道立向上水平固定焊接。

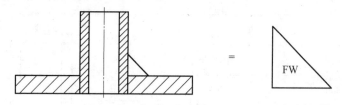

图4.2　插入式管-板试件角焊缝示意图

3. P-T 接管组合焊缝

GTAW-02(GW/FW 的组合焊缝)项目的焊缝示意图如图4.3所示,管-板接管-板开坡口焊接的焊缝形式,属于角焊缝和坡口焊缝的组合焊缝。

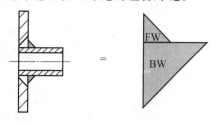

图4.3　GTAW-02(GW/FW 的组合焊缝)项目的焊缝示意图

插入式组合焊缝可以看成两个项目的组合,即对接焊缝加上角焊缝,如图4.4所示。

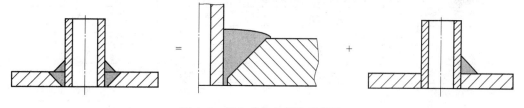

图4.4　插入式组合焊缝示意图

4.2.2　手工钨极惰性气体保护电弧管-板组合焊接工艺规程

焊接人员应当按照"民用核安全设备焊接人员操作考试焊接工艺规程数据单"焊接考试试件,见表4.1。

焊接工艺规程应包括可能影响考试结果的各种技能因素,焊接参数应细化到焊接人员能按照考试用焊接工艺规程独立进行施焊的程度。

焊接工艺规程是直接发到焊接人员手里指导生产和培训的焊接工艺文件,对于考试项目,应做到"一点一卡、一项一卡",即一个焊接结点一张工艺卡片。

表4.1　民用核安全设备焊接人员操作考试焊接工艺规程数据单

编号：　　　　　　　　　　　　　　　　　　　　版次：

考试项目代号	GTAW 焊接方法考试——管-板角接		
工艺评定报告编号/ 依据标准/有效期	SN1-HX23-VWD-NNEC1039/ASME IX 卷 2007 版及 2008 补遗/ 长期有效	自动化程度/稳压 系统/自动跟踪系统	NA

焊　接　接　头			
坡口形式	单 V 形		
衬垫（材料）	NA		
焊缝金属厚度	10 mm		
管直径	60 mm		
板厚度	10 mm		

焊接接头图示：$\phi60\times5$，$50°$，$0.5\sim2$ mm，10 mm，$\phi66$（开孔于板中心位置），3，180×180 mm

母　　材		填　充　金　属	
类别号	非合金钢和细晶粒钢	焊材类型 （焊条、焊丝、焊带等）	焊丝
牌　号	Q345R/20#	焊材型(牌)号/规格	ER50-6/ $\phi2.0$ mm
规　格	e=10 mm/$\phi60\times5$ mm	焊剂型(牌)号	NA

焊接位置		保护气体类型/混合比/流量	
焊接位置	PH	正面	Ar/99.99%/8～20 L/min
焊接方向	水平固定向上立焊位置	背面	NA
其　他	NA	尾部	NA

预热和层间温度		焊后热处理	
预热温度	NA	温度范围	NA
层间温度	≤250 ℃	保温时间	NA
预热方式	NA	其他	NA

焊　接　技　术			
最大线能量	NA		
喷嘴尺寸	$\phi4\sim\phi16$ mm	导电嘴与工件距离	NA
清根方法	NA	焊缝层数范围	4～8
钨极类型/尺寸	铈钨极/$\phi1.6\sim\phi2.4$ mm	熔滴过渡方式	NA
直向焊、摆动焊及摆动方法		直向焊、横摆焊均可	
背面、打底及中间焊道清理方法		不允许打磨	

焊层	焊接方法	焊材 型(牌)号	焊材 规格/mm	焊接电流 极性	焊接电流 范围/A	电压范围/V	焊接速度/(mm·min⁻¹)
1（打底层）	GTAW	ER50-6	$\phi2.0$	DC/EN	75～120	8～15	NA

续表4.1

考试项目代号	GTAW 焊接方法考试——管-板角接						
2～N（填充层）	GTAW	ER50-6	φ2.0	DC/EN	110～160	8～15	NA
N+1（盖面层）	GTAW	ER50-6	φ2.0	DC/EN	110～150	8～15	NA
编　制		审　核			批　准		
日　期		日　期			日　期		

4.2.3　常见焊接缺陷产生原因及解决方法

4.2.3.1　常见焊接缺陷

手工钨极惰性气体保护电弧焊的焊接人员在操作过程中,由于焊枪角度和电弧长度稳定性等因素掌握不好,会出现焊瘤、未焊透、气孔、裂纹、夹渣与夹钨、咬边、内凹和未熔合等焊接缺陷。

4.2.3.2　常见焊接缺陷产生的原因

1. 焊瘤和未焊透

焊接电流、根部间隙和熔孔过大,焊接电弧在局部停留时间过长,均易产生焊瘤;反之,则易产生未焊透。

2. 气孔和焊瘤

焊缝表面不允许出现气孔和焊瘤焊接缺陷,其形貌特征如图4.5所示。

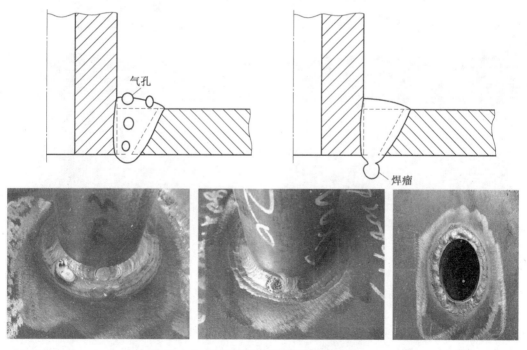

图 4.5　气孔和焊瘤示意图及实物照片

气孔产生的原因主要有以下几种。

(1)气路有泄漏,氩气流量过大或过小,不符合工艺规范要求的流量。

（2）钨极伸出长度过长,喷嘴直径过小。

（3）施焊的周围有强空气气流流动,影响了电弧稳定燃烧和氩气的保护作用。

（4）施焊过程中,焊枪运作不规范,以及焊接人员在起身变换位置时,由于焊枪角度不正确或电弧忽长忽短等原因造成气孔。

3. 裂纹、夹渣与夹钨

焊缝表面不允许出现裂纹和夹渣缺陷,其形貌特征如图4.6所示。

（1）按裂纹产生的原因及性质分四类:热裂纹、冷裂纹、再热裂纹和层状撕裂。低碳钢一般情况下不易出现热裂纹、再热裂纹和层状撕裂。当厚度及应力过大时会出现冷裂纹。

冷裂纹指焊接接头冷却至较低温度下（对钢来说在M_s温度以下）时产生的焊接裂纹。冷裂纹大多产生在母材或母材与焊缝交界的熔合线上,也有可能产生在焊缝上。根据冷裂纹产生的部位有焊道下裂纹、焊趾裂纹和根部裂纹。

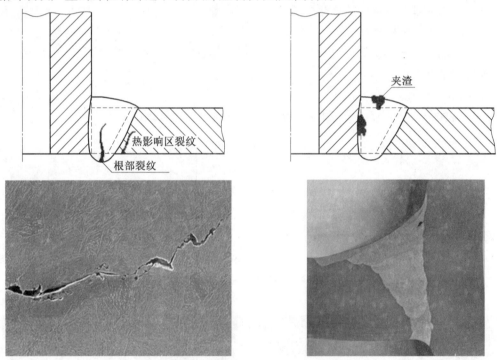

图4.6 裂纹和夹渣示意图及实物照片

（2）夹渣产生的原因如下。

①未能彻底清除前道焊缝表面的熔渣;施焊过程中由于操作方法不当,焊道与坡口两侧交接处有沟槽。

②收弧时,焊丝端头在高温的熔池状态下,快速脱离氩气保护区,在空气中被氧化,焊丝端头颜色变黑,焊丝表面产生氧化物;再次焊接时,被氧化的焊丝端头未经清理送入熔池中,氧化物的凝固速度快,未完全从熔池中脱出。

（3）钨极长度伸出量过大,焊枪操作不稳定,钨极与焊丝或钨极与熔池相碰后,焊接人员又未能立即终止焊接,及时清理钨粒,从而造成夹钨。

4.咬边

咬边形貌特征如图4.7所示。焊接时,焊枪移动不平稳,电弧过长;焊枪作锯齿形摆动时,坡口面两侧停留时间短且未能保证供给一定的送丝量。

5.内凹

内凹形貌特征如图4.7所示,内凹产生的原因如下。

(1)装配根部间隙较小,施焊过程中焊枪摆动幅度过大,使电弧热量不能集中于根部,产生了背面焊缝低于试件表面的内凹缺陷。

(2)送丝时,未能对准熔孔部位进行正确的"点-送"操作程序。

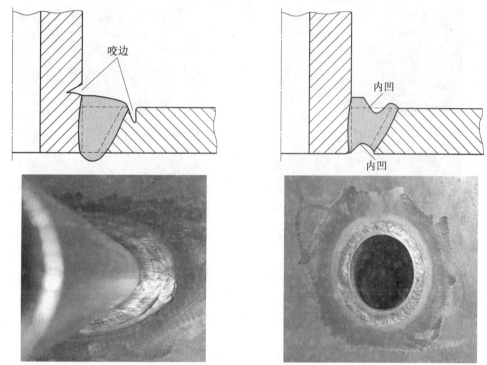

图4.7　咬边和内凹示意图及实物照片

6.未熔合

焊缝表面不允许出现未熔合缺陷,其形貌特征如图4.8所示。

(1)焊接电流过小,焊枪角度不正确。

(2)立位焊接时,焊枪横向摆动到坡口边缘时,未作必要的停留,以及节点的根部间隙过大等。

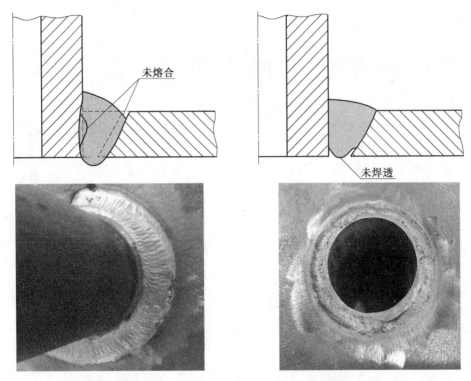

图 4.8　未熔合和未焊透示意图及实物照片

4.2.4　焊前准备

4.2.4.1　一般要求

1.施焊环境

环境温度不低于 -10 ℃,相对湿度小于 90％,焊接环境风速小于 2 m/s。试板温度不低于 5 ℃。

2.母材及焊材

试板:数量 1 块　规格:180 mm×180 mm×10 mm　材质:20#

试管:数量 1 只　规格:$\phi60×5$ mm,$L=125$ mm　材质:Q345R

焊材牌号为 ER50-6,直径规格为 $\phi2.0$ mm。

3.焊接设备

(1)符合国家强制标准。

(2)能实现手工钨极惰性气体保护电弧焊。

(3)最大可调节电流为 300～400 A。

(4)焊机需校准合格并在有效期内。

4.2.4.2   工器具准备

钳式电流电压表、数字型接触式测温仪、电动角向磨光机、钨极磨削机、氩气表、砂轮片和钢丝刷。

4.2.4.3   劳保防护

需要穿戴劳保工作服、劳保鞋、口罩、耳塞、手套、防护眼镜和面罩。

4.2.4.4   考前相关检查和要求

(1)核查母材和焊材的牌号、规格尺寸等,是否符合考试和文件要求。

(2)启动焊机前,检查各处的接线是否正确、牢固可靠;仪器仪表,如电流表、电压表和流量计等是否检定并在有效期内。

(3)焊机运行检查,极性检查,接法为直流正接(即工件接正),辅助按钮的正确使用以及工装夹具是否可以正常使用,工装夹具扳手是否齐全。

(4)正确安装气体流量计,保证流量计处于垂直状态,同时检查气体成分是否正确,气瓶需要有防倾倒装置固定。

(5)严格按照焊接工艺规程要求进行装配,焊接参数设置不得超出焊接工艺规程规定要求。

(6)试件清理及装配过程中,打磨需要注意打磨方向,不得朝着人或者设备方向进行打磨。

(7)考试前,应在监考人员与焊接人员共同在场确认的情况下,在试件上标注焊接人员考试编号。

(8)定位焊缝使用的焊材及工艺参数与打底焊相同。

4.2.4.5   坡口及装配

(1)管不加工坡口,板内挖孔加工 V 形坡口,如图 4.9 所示;机械加工,钝边为 0.5~2 mm,各边无毛刺,管在距板坡口面 50 mm 处,以及试板在距坡口边缘 17.6 mm 处加工比坡口每侧增宽线,如图 4.10 所示。

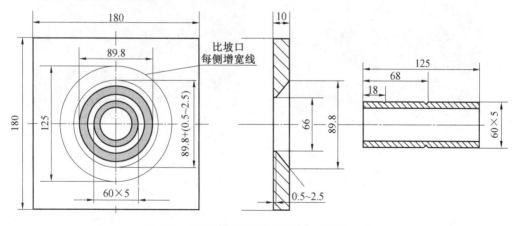

图 4.9   试板试管规格坡口形式示意图(mm)

图 4.10　试板管每侧增宽标准线实物照片

（2）试件装配前,坡口表面和两侧各 25 mm 范围内清理干净,去除铁屑、氧化皮、油、锈和污垢等杂物,装配完成后应标注 6 点、12 点钟点位置。

（3）插入式管-板试件装配如图 4.11 所示,装配合格后打上材质钢印、炉批号和考试项目代号。

（4）将管放置水平固定焊位置,把管-板试件放在焊接工装夹具上固定好,焊接位置如图 4.12 所示。

图 4.11　管与板插入式装配实物照片

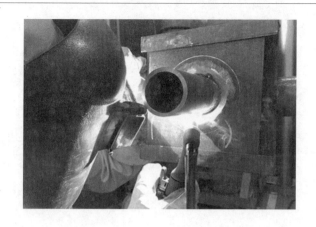

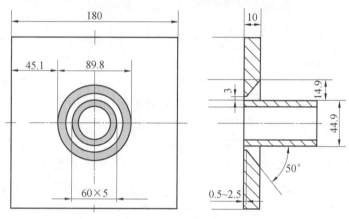

图4.12　插入式管-板试件装配示意图及实物照片（mm）（见部分彩图）

4.2.5　焊接操作方法

4.2.5.1　打底层焊接操作

（1）插入式管-板试件水平固定焊采用左向焊法。操作时,焊枪横向摆动,钨极端部距熔池2 mm为宜(太低易和熔池、焊丝相碰,形成短路;太高氩气对熔池的保护不好)。持枪方法及焊枪角与填丝的相对位置如图4.13所示。

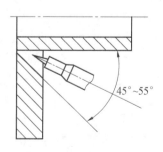

图4.13　仰角打底焊枪角度示意图及实物照片

为补偿焊接时的收缩量,试件上端部的根部间隙大于下端部根部间隙,试件上端部根部间隙4 mm,下端部根部间隙为3 mm。选用4号喷嘴,焊接方向是由下而上焊接,如图4.14所示。

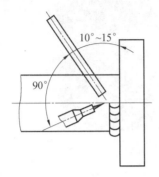
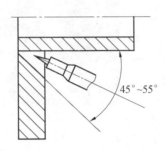

图4.14　仰角打底层焊接示意图

(2)将试件固定于垂直仰位处,焊枪在试件下端,引燃电弧,先不加焊丝,待根部板孔棱边熔化形成熔池后,将焊丝送至根部,此时焊接电弧稍向下移,完成搭桥,当出现第一个熔孔后,即可转入正常焊接。操作中焊丝始终送到熔池前方的熔孔处,并在根部稍做推送动作。焊接时电弧应尽可能短些,熔池要小,但要保证管-板和管坡口面熔合好,根据熔孔和熔池表面情况调整焊枪角度和焊接速度。

焊接过程中,采用锯齿形运枪法,焊枪窄幅摆动并随时观察熔孔大小,若在运输过程中,发现熔孔不明显,应暂停送丝,待出现熔孔后再送丝。此种操作方法,可以避免产生未焊透;如果熔孔过大、熔池有下坠现象,则利用电流衰减功能来控制熔池温度,以减小熔孔,此种操作方法可以避免背面焊缝成形过高。

(3)采用断续送丝,背面焊缝的质量与送入焊丝的准确程度有很大关系。为保证背面焊缝成形饱满,左手握焊丝贴着坡口均匀有节奏送进,在送丝过程中,当焊丝端部进入熔池时,应将焊丝端头轻轻挑向坡口根部,此时电弧已把焊丝端部熔化,开始第二个送丝程序的动作,直至焊完打底层焊缝。至于焊丝向坡口根部挑多大距离,视背面焊缝的余高而定,若向坡口根部挑的过猛,会使背面焊缝余高过分突出,一般背面焊缝的余高以0.5~2 mm为宜。焊丝与焊枪的动作要配合协调,同步移动,打底层焊接,根据根部间隙大小,焊丝与焊枪可同步直线向上焊接或做小幅度左右平行摆动着向上施焊。

(4)由于熔池温度高、母材热膨胀系数大等因素,弧坑易产生裂纹和缩孔,所以收弧时,利用电流衰减的功能,逐渐降低熔池温度;然后将熔池由慢变快引至前方一侧的坡口面上,以逐渐减小熔深;并在最后熄弧时,保持焊枪不动,延迟氩气对弧坑的保护。

(5)收弧时,焊道接头处应在焊前先打磨出斜坡状,重新引燃焊接电弧的位置在斜坡后5~10 mm处,当焊接电弧移动在斜坡口内时,稍加焊丝,待焊至斜坡端部并出现熔孔后,再转入正常焊接。应在熔池前方做一熔孔,在管座上滴几滴铁水,使熔池缓冷,然后将焊丝抽离电弧区,但不要脱离氩气保护区,同时切断控制开关,此时焊接电流衰减,当电弧熄灭后,延时切断氩气焊枪才能移开。

(6)打底焊道的熔敷厚度为1.5~2 mm为宜,打底层焊接时间为6~8 min。打底层正面及背面焊缝的实物照片如图4.15所示。

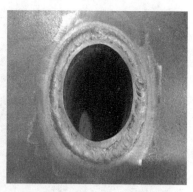

图 4.15　打底层正面及背面焊缝的实物照片

4.2.5.2　填充层焊接操作

（1）焊接时，焊接方向仍自下而上进行施焊；焊丝、焊枪与试件的夹角与打底焊相同，如图 4.16 所示。

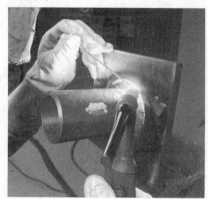

图 4.16　管-板角接立位焊持枪方法及焊枪角与填丝的相对位置

（2）填充层焊接电流比打底层稍大，填充层焊接电流为 100～150 A，电弧电压为 11～13 V。

（3）由于填充层坡口变宽，焊枪在做锯齿形横向摆动时，应适当增大摆幅，在摆动至拐角处时，电弧稍加停留，使两侧的坡口面充分熔化，将打底层表面存在的非金属夹渣物浮出填充层焊缝表面，并避免焊缝出现凸形。注意不能破坏坡口棱边，导致失去盖面层的每侧增宽基准，同时也避免焊缝出现凸形；施焊中，焊丝端头轻靠打底层焊缝表面，并均匀地向熔池送进。填充四层焊缝实物图片如图 4.17 所示。

（4）填充焊道接头与打底焊道接头应错开。接头时，重新引燃焊接电弧的位置应在弧坑后 5～8 mm 处，引燃电弧后，焊枪横向窄幅摆动，当焊接电弧移动至弧坑处时，稍加焊丝以使接头平整，再转入正常焊接。

（5）坡口焊缝填充形状（即焊道表面）离试板表面 0.5～1 mm 时，填充层焊完后，为获得合格的焊脚尺寸，清理一下即可焊盖面层。

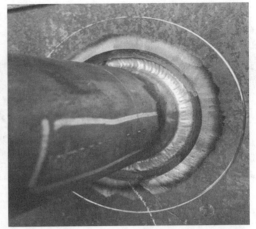

(a) 填充层焊(第一层) 实物照片

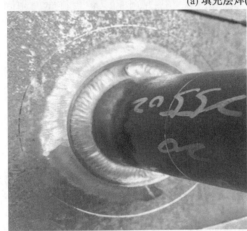

(b) 填充层焊(第二层) 实物照片

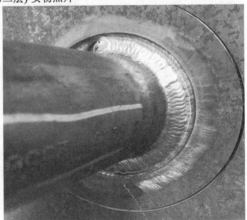

(c) 填充层焊(第三层第一道) 实物照片

图 4.17　填充四层焊缝实物照片

(d) 填充层焊(第三层第二道) 实物照片

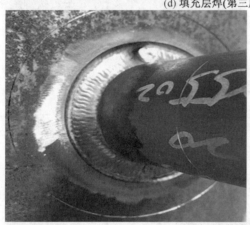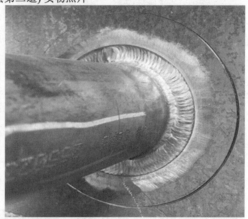

(e) 填充层焊(第四层第一道) 实物照片

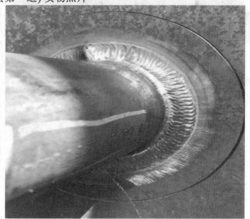

(f) 填充层焊(第四层第二道) 实物照片

续图 4.17

4.2.5.3　盖面层焊接操作

（1）盖面层焊接方向仍自右向左进行施焊,焊丝、焊枪与试件的夹角与打底焊相同。如图 4.18 所示,盖面层有三条焊道,先焊下焊道,再焊接中间焊道,最后焊上焊道。

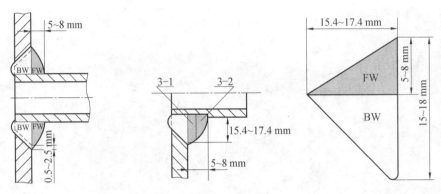

图 4.18　盖面层焊接示意图

（2）盖面层焊是组合焊缝，所以在板侧焊缝处应按对接焊缝焊接，焊后按对接焊缝测量，每侧增宽 0.5～2.5 mm，管侧焊缝处应按角焊缝焊接后，按角焊缝测量焊脚宽度达 5～8 mm。盖面层焊接实物照片如图 4.19 所示。

(a) 盖面层焊(第一道) 实物照片

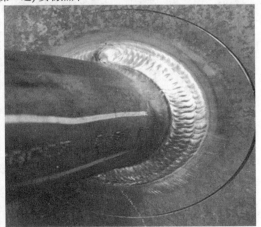

(b) 盖面层焊(第二道) 实物照片

图 4.19　盖面层焊接实物照片

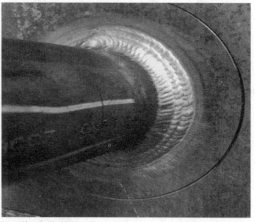

(c) 盖面层焊(第三道) 实物照片

续图 4.19

（3）当焊下焊道(序号 3-1)时,焊道分布图如图 4.20 所示,电弧对准打底焊道下沿,焊枪小幅度作锯齿形摆动,熔池下沿超过管坡口棱边 1 ~ 1.5 mm 处,熔池的上沿在打底焊道的 1/2 ~ 2/3 处,盖面第一道焊缝应保证焊脚宽度达到 5 ~ 6 mm。

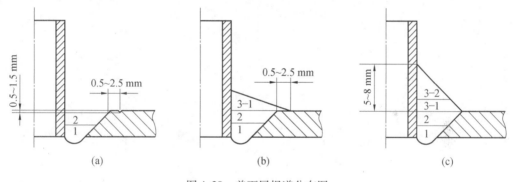

图 4.20 盖面层焊道分布图

（4）焊上焊道(序号 3-2)时,电弧以打底焊道上沿为中心,焊枪作小幅度摆动,使熔池管–板和下面的焊道圆滑地连接在一起。焊缝凹度应为 0.5 ~ 1.5 mm;焊脚应在 5 ~ 8 mm 的范围内,并注意焊趾处咬边深度不大于 0.5 mm。

（5）盖面层焊接时注意焊道接头错开,焊接电流与打底层相同,焊接速度适当加快,送丝频率也要加快,但要适当减少送丝量,其余均与打底层焊相同。

（6）整条焊缝呈凹形圆滑过渡,焊缝厚度为 3.8 ~ 5.5 mm。

4.2.5.4 焊接实操参数及焊道记录

管–板角接焊接实操参数及焊道记录见表 4.2。

表4.2 管-板角接实操焊接参数及焊道记录表

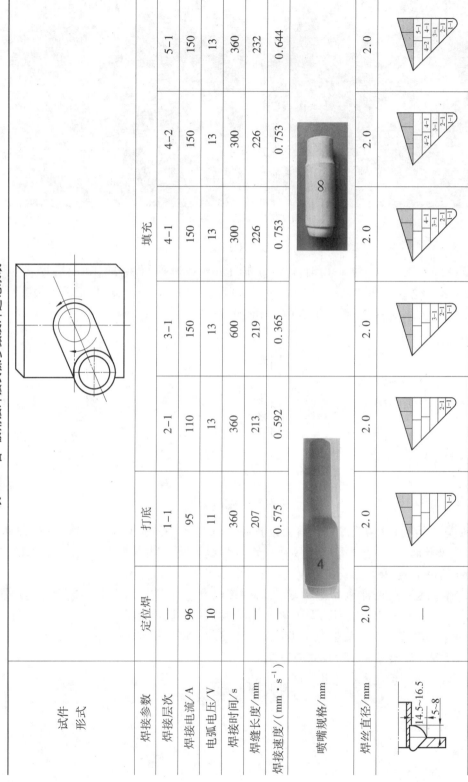

试件形式 焊接参数	定位焊	打底			填充		
焊接层次	—	1–1	2–1	3–1	4–1	4–2	5–1
焊接电流/A	96	95	110	150	150	150	150
电弧电压/V	10	11	13	13	13	13	13
焊接时间/s	—	360	360	600	300	300	360
焊缝长度/mm	—	207	213	219	226	226	232
焊接速度/(mm·s^{-1})	—	0.575	0.592	0.365	0.753	0.753	0.644
喷嘴规格/mm	2.0	2.0	2.0	2.0	2.0	2.0	2.0
焊丝直径/mm	—	2.0	2.0	2.0	2.0	2.0	2.0

续表4.2

实物照片（定位焊）： 定位焊、1-1、2-1、3-1、4-1、4-2、5-1

设备面板照片（焊接电流读数）： 96 A、95 A、110 A、150 A

项目	定位焊	1-1	2-1	3-1	4-1	4-2	5-1
设备面板照片	96 A		95 A		110 A		150 A
净焊接时间/min	6	6	6	10	5	5	6
焊接加辅助	—	—	—	—	—	—	—

焊接参数	焊接层次	焊接电流/A	电弧电压/V	焊接时间/s	焊缝长度/mm	焊接速度/(mm·s^{-1})
填充	5-2	150	10	360	232	0.644
填充	6-1	120	11	360	238	0.661
盖面	6-2	120	13	360	238	0.661
盖面	6-3	120	13	360	238	0.661

续表4.2

喷嘴规格/mm	2.0	2.0	2.0	2.0
焊丝直径/mm	14.5~16.5 5~8			
实物照片	5-2	6-1	6-2	6-3
设备板面照片	150A		120A	
净焊接时间/min	6	6	6	6
焊接加辅助	净焊接时间+辅助时间=实动规定时间 62 min+28 min=90 min			

焊接者:XXXX　XXXX年XX月XX日　　　　复核人:XXXX　XXXX年XX月XX日

4.2.6　考试过程要求

（1）操作考试只能由一名焊接人员在规定试件上进行。

（2）考试试件的坡口表面和坡口两侧各 25 mm 范围内应当清理干净，去除铁屑、氧化皮、油、锈和污垢等杂物。

（3）考试前，应在监考人员与焊接人员共同在场确认的情况下，在试件上标注焊接人员考试编号。

（4）定位焊缝使用的焊材及工艺参数与打底焊相同。

（5）考试时，第一层焊缝中至少有一个停弧再焊接头。

（6）考试时，不允许采用刚性固定，但允许组对时给试件预留反变形量。

（7）试件开始焊接后，焊接位置不得改变；角度偏差应在试件规定位置范围内（±5°）。

（8）考试时，不得更换母材和焊材的牌号及规格尺寸。

（9）管对接考试的试件数量为 2 个，管-板角接考试的试件数量为 1 个，不允许多焊试件从中挑选。

（10）考试时，不得故意遮挡监控探头。

（11）管对接和管-板角接试件的焊接时间各不得超过 90 min。

（12）考试时间指考试施焊时间，不包括考前试件打磨、组装和点固焊时间。

（13）考评员负责过程控制评价，详见表 3.4 民用核安全设备焊接人员操作考试过程控制表，过程评价合格后，考试试件方可开展无损检验评价。

4.2.7　焊后检查

焊接完成后对焊接试件进行目视检验（VT）、渗透检验（PT）和射线检验（RT），试件目视检验（VT）合格后，方可进行其他无损检验项目；三个检验项目均合格，此项考试为合格。

焊后检查应按《民用核安全设备焊接人员操作考试技术要求（试行）》国核安发〔2019〕238 号文。检测人员的资格应符合《民用核安全设备无损检验人员资格管理规定》（HAF602）的规定。

4.2.7.1　试件的检验项目和数量

操作考试试件的检验项目和试样数量见表 4.3，表中目视检验试件数量即考试试件数量。

表 4.3　试件检验项目和试样数量

试件形式	试件形状尺寸/mm		检验项目/件		
	厚度	管径	目视检验	渗透检验	射线检验
管-板角接接头组合焊缝	10	60	1	1	1

4.2.7.2 目视检验(VT)

1. 目视检验要求

(1)试件的目视检验按照《核电厂核岛机械设备无损检测》(NB/T 20003)要求的条件和方法进行。

(2)考试试件的目视检验设备和器材一般包括:焊接检验尺、直尺、坡度仪、放大镜(放大倍数不超过6倍)、照度计、18％中性灰卡、白炽灯、强光灯和专用工具等。

(3)用于考试试件目视检验的焊接检验尺、直尺和照度计应每年检定一次。

(4)考试试件的焊缝目视检验一般在焊后(焊接完成冷却至室温后)。

(5)试件焊缝的外观检验应符合焊缝表面是焊后原始状态,不允许加工修磨或返修。

(6)背面焊缝的凸起≤3 mm。

(7)管-板角接试件角焊缝凸度或凹度≤1.5 mm,焊脚尺寸为5~8 mm;板侧对接焊缝比坡口每侧增宽为0.5~2.5 mm。

(8)焊缝表面不得有裂纹、未熔合、夹渣、气孔、焊瘤和未焊透等缺陷。

(9)焊缝表面咬边和背面凹坑应符合表4.4的要求。

表4.4 焊缝表面咬边和背面凹坑尺寸要求

缺陷名称	允许的最大尺寸
咬边	深度≤0.5 mm;焊缝两侧咬边总长度不得超过焊缝长度的10％。
背面凹坑	管-板角接试件,深度≤1 mm;总长度不超过焊缝长度的10％。

(10)管-板角接试件的错边量≤1.0 mm。

(11)所有试件外观检验的结果均符合表4.4中各项要求,该项试件的外观检验为合格,否则为不合格。

2. 目视检测方法

第3章介绍了对接焊缝焊后检查目视检测方法,本节介绍角焊缝目视检测方法。

(1)角焊缝的凹度与凸度,如图4.21所示。

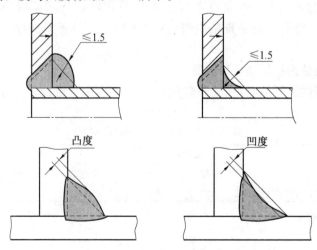

图4.21 角焊缝凸度与凹度示意图及实物照片

续图 4.21

①焊缝凸度。凸形角焊缝横截面中,焊趾连线与焊缝表面之间的最大距离。

②焊缝凹度。凹形角焊缝横截面中,焊趾连线与焊缝表面之间的最大距离。

(2)焊脚尺寸。

国家焊接术语 GB/T 3375 对于焊脚尺寸、焊脚和焊缝厚度作如下描述,如图 4.22 所示。

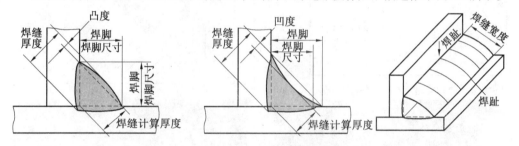

图 4.22　角焊缝术语示意图

①焊脚尺寸。在角焊缝横截面中画出的最大等腰三角形中直角边的长度。

②焊脚。角焊缝的横截面中,从一个直角面上的焊趾到另一个直角面表面的最小距离,焊脚也就是常说的 Z(K)值。

③焊缝厚度。在焊缝横截面中,从焊缝正面到焊缝背面的距离。

④焊缝计算厚度。在角焊缝断面内画出最大直角等腰三角形,从直角的顶点到斜边的垂线长度。如果角焊缝断面是标准的直角等腰三角形,则焊缝计算厚度等于焊缝厚度;在凸形或凹形角焊缝中,焊缝计算厚度均小于焊缝厚度。如果角焊缝是凸形角焊缝,则焊脚尺寸等于焊脚;在凹形角焊缝中,焊脚尺寸小于焊脚。

(3)角焊缝对接焊缝比坡口每侧增宽测量,如图 4.23 所示。

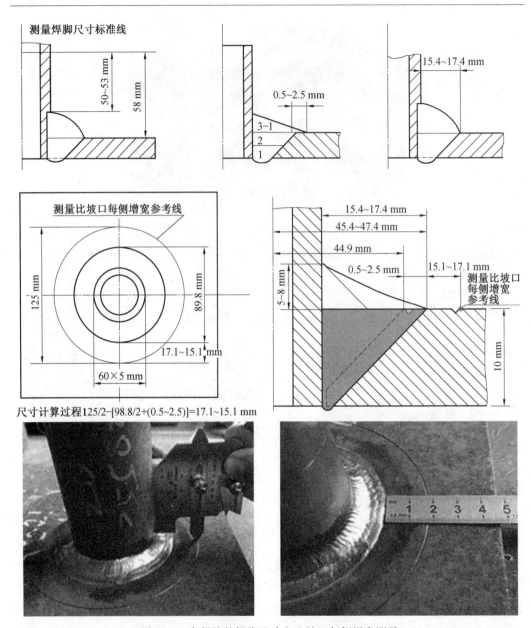

图 4.23 角焊缝的焊脚尺寸和比坡口每侧增宽测量

3. 目视检验工艺卡

目视检验工艺卡见表 4.5。

表 4.5　目视检验工艺卡

民用核安全设备焊接人员操作考试		目视检验工艺卡		编号:VT-04
适用的焊接方法及试件形式		手工钨极惰性气体保护电弧焊(手工,GTAW): 管-板角接(单面焊双面成型)		
检测时机	焊后冷却至室温	检验区域	焊缝及焊缝两侧各 25 mm 宽的区域	检测比例	100%
检验类别	VT-1	检验方法	直接目视	被检表面状态	焊后原始状态
分辨率试片	18% 中性灰卡	分辨率	≤0.8 mm 黑线	表面清理方法	擦拭
测量器具	焊检尺、直尺	器具型号	40 型/60 型/MG-8 等	照明方式	自然光/人工照明
照明器材	手电筒/强光灯	表面照度	540~2 500 lx	检测人员资格	Ⅱ级或Ⅱ级以上人员
检验规程	HGKS-VT-01-2020		验收标准	国核安发〔2019〕238 号 5.2 条款

检测步骤及技术要求:

(1)试件确认:核对并记录试件编号、测量试件尺寸、记录试件规格等。

(2)表面清理:用布擦拭被检表面。

(3)照度测量:用照度计测量环境照度,要求有充足的自然照明或人工照明,应无闪光、遮光或炫光。

(4)灵敏度测试:将 18% 中性灰卡置于被检表面,在符合要求的照度前提下,能分辨出灰卡上一条宽 0.8 mm 的黑线。

(5)焊缝尺寸测量:①焊脚尺寸测量:利用焊接检验尺测量角焊缝焊脚尺寸的最大值和最小值,不取平均值。

②背面焊缝余高测量:利用焊接检验尺测量背面焊缝余高的最大值和最小值,但不取平均值,背面焊缝宽度可不测量。

③凹凸度测量:利用焊接检验尺测量焊缝凹度或凸度。

(6)被检表面缺陷检查:①检查焊缝表面是否有裂纹、未熔合、夹渣、气孔、未焊透、焊瘤、咬边和凹坑等表面缺陷,背面凹坑深度可以只测量其最大值。

②检查时眼睛与被检面夹角不小于 30°,眼睛与受检面距离 ≤600 mm。

③辅助工具可包括:6 倍以下放大镜、直尺、毛刷、记号笔等。

(7)记录:适时记录检验参数。

(8)后处理:检验完毕,清点器材,试件归位。

(9)评定与报告:根据国核安发〔2019〕238 号 5.2 条款规定做出合格与否结论,出具目视检验报告。

编制/日期:	级别:	审核/日期:	级别:

4.目视检验报告

目视检验报告见表4.6。

表 4.6　目视检验报告

民用核安全设备焊接人员操作考试		目视检验报告		报告编号：____ 共　页　第　页	
委托单号	—	试件名称	考试试件	试件编号	A02
试件形式	管-板角接	试件规格	试板：$\delta10\times180\times180$ mm 试管：$\phi60\times5\times125$ mm	材　质	Q345R/20#
焊接方法	GTAW	焊接位置	PH	坡口形式	V 形
被检表面状态	焊后原始状态	表面清理方法	擦拭	检验类别	VT-1
检验方法	直接目视	检验时机	焊后冷却至室温	检验区域	焊缝及焊缝两侧各25 mm 宽的区域
检验比例	100 %	检验器具	焊检尺、直尺	器具型号	HJC60 型
分辨率试片	18 %中性灰卡	分辨率	≤0.8 mm 黑线	照明方式	人工照明
表面照度	540 ~ 2 500 lx	检验规程及版本	HGKS-VT-01-2020	考试标准及版本	国核安发〔2019〕238 号 5.2 条款
焊缝余高	—	裂　纹		无	
焊缝余高差	—	未熔合		无	
焊缝宽度	—	夹　渣		无	
宽度差	—	气　孔		无	
比坡口每侧增宽	1.0 ~ 1.5 mm	焊　瘤		无	
焊缝边缘直线度	—	未焊透		无	
背面焊缝余高	1.0 ~ 1.5 mm	咬　边		无	
背面焊缝余高差	—	背面凹坑		无	
双面焊背面焊缝宽度	—	变形角度		—	
双面焊背面焊缝宽度差	—	错边量		0.1 mm	
角焊缝焊脚尺寸	6 mm	角焊缝凹凸度		0.5 mm	
检验结果		合格［　　］		不合格［　　］	
检验者 / 日期：XXX		级别：Ⅱ	审核者 / 日期：XXX		级别：Ⅱ
批准者 / 日期：XXX					

4.2.7.3　渗透检验(PT)

同3.2.6.3渗透检验(PT)的要求和方法,渗透检验具体范围见表4.7,渗透检验要求详见表4.8渗透检测工艺卡。

表 4.7　考试试件焊缝检验范围

焊接方法	试件形式	焊缝[①]
手工钨极惰性气体保护 电弧焊(手工)GTAW	管-板角接	2 面焊缝

注:①1 面-板上表面,管外表面;2 面-板上下表面,管内外表面。

表 4.8　渗透检验工艺卡

民用核安全设备 焊接人员操作考试		渗 透 检 验 工 艺 卡					编号:PT-05
试件 名称	管-板 角接	材质	Q345R	规格	见注	试件 形式	—
表面 要求	焊态	检验 部位	焊缝及热 影响区	检验 比例	100%	焊接 方法	见注
检验 时机	焊后	检验 方法	ⅡA-d□ ⅡC-d□	检验 温度	10~50 ℃	标准 试块	B 型
渗透剂		去除剂	水□　溶剂□	显像剂		观察 方法	目视
渗透 时间	10 min	干燥 时间	自然 干燥	显像 时间	≥7 min	可见光	≥500 lx
渗透剂 施加 方法	刷或喷	去除剂 施加 方法	吸干□ 擦拭□	显像剂 施加 方法	喷	检验 规程	—
水温	≤40 ℃ (水洗型时)	水压	≤345 kPa (水洗型时)	验收 标准	按 3.2.6.3 第 11 条		

检验部位示意图:

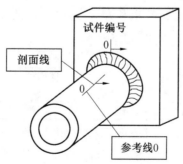

注:适用的焊接方法及试件形式:

手工钨极惰性气体保护电弧焊(手工)GTAW ϕ108×8 mm

续表4.8

序号	工序名称	操作要求及主要工艺参数
1	表面准备	使用钢丝盘磨光机打磨去除表面及两侧25 mm范围内的焊渣、飞溅及焊缝表面不平的被检面
2	预清洗	用清洗剂将被检面清洗干净
3	干燥	自然干燥
4	渗透	刷或喷施加渗透剂,使之覆盖整个被检表面,在整个渗透时间内保持润湿,渗透时间不少于10 min
5	去除	对水洗型渗透剂,可以用干燥、干净、不脱毛的布或吸水纸擦拭,也可以用水冲洗,多余渗透剂应完全去除干净,但应防止过清洗;对于溶剂去除型渗透剂,可以用干燥、洁净不脱毛的布或吸湿纸擦拭受检表面,去除绝大部分的多余渗透剂,然后用蘸有溶剂的不脱毛布或湿纸轻擦表面
6	干燥	当受检表面湿润状态一消失,即表明为显像所需的干燥度已达到
7	显像	喷罐喷涂,保证整个受检区域完全被一均匀薄层显像剂覆盖,显像时间不少于7 min
8	观察	显像剂施加后7~60 min内进行观察,被检面处白光照度应≥500 lx,必要时可用5~10倍放大镜进行观察
9	复验	重新检验时,必须对受检表面进行彻底清洗,以去除前一次检验所留下的所有痕迹,然后用同样的渗透材料重复液体渗透检验的全过程
10	后清洗	检验完成之后,应立即彻底去除检验中余留在受检件上的渗透检验试剂,并干燥受检件
11	评定与验收	按3.2.6.3节第2小节第11节进行评定与验收
12	报告	按3.2.6.3第4小节出具报告
备注		
编制/日期		级别 　　　　审核/日期 　　　　级别

4.2.7.4　射线检验(RT)

同3.2.6.4射线检验(RT)的要求和方法,透照方式见表4.9,射线源、焊缝及胶片的几何布置要求详见表4.10射线检测工艺卡。

表4.9　透照方式规定

序号	试件规格	放射源种类	透照方式	像质计位置	灵敏度丝号/丝径	工艺卡
1	$\phi60 \times T5/L180 \times T10$	X射线	单壁透照	射源侧	14/0.16 mm	表4.10

注:在切除了多余的管材,且采用单壁垂直透照方式时,按$T=10$ mm选用像质计。

表4.10　射线检测工艺卡

焊缝类型	管/板角接焊缝
工件规格	$\phi60\times T5/L180\times T10$
检测区域	焊缝及板侧5 mm
透照方式	单壁透照
射线源类型	X射线
胶片类型/数量	C1~C4/2
滤光板类型及厚度	N/A
增感屏类型及厚度	前屏:铅(0.05~0.15 mm);中屏:不用或铅(2*0.05 mm); 后屏:铅(0.05~0.20 mm)
像质计位置	射线源侧
像质计类型及应看丝号	线型10 FE JB或线型13 FE JB14(0.16 mm)
定位标记位置	射线源侧
几何不清晰度	≤0.3 mm
底片观察细则	单片观察+双片观察
底片黑度	单片评定区域2.0~4.0 mm,双片评定区域2.7~4.5 mm
布置简图	

注:①管材应切除比焊缝高0~2 mm。

②像质计放在工件源侧。

③必要时,可以在管内摆放补偿块,补偿块的外径最小管内径小于4 mm。

④焦距$F\geqslant600$ mm。

⑤检测前,在工件做好位置标记。

⑥射线源的焦点尺寸应满足几何不清晰度的要求。

4.2.8　结束语

碳钢插入式管-板水平固定手工钨极惰性气体保护电弧焊技能培训项目是《民用核安全设备焊接人员操作考试技术要求》中要求的培训、考试和取证基本项目之一。碳钢材料在核安全设备的焊接中具有较强的代表性,焊接人员通过本项培训和考试,证明已掌握碳钢手工钨极惰性气体保护电弧焊单面焊双面成型、全位置焊等操作技能,对于完成碳钢、低合金钢的产品焊接具有重要作用。

附　　录

附录 1　《民用核安全设备焊接人员资格管理规定》内容

第一章　总则

第一条　为了加强民用核安全设备焊接人员(以下简称焊接人员)的资格管理,保证民用核安全设备质量,根据《中华人民共和国核安全法》和《民用核安全设备监督管理条例》,制定本规定。

第二条　本规定适用于焊接人员的资格考核和管理工作。

第三条　从事民用核安全设备焊接活动(以下简称焊接活动)的人员应当依据本规定取得资格证书。

第四条　国务院核安全监管部门负责焊接人员的资格管理,统一组织资格考核,颁发资格证书,对焊接人员资格及相关资格考核活动进行监督检查。

第五条　民用核安全设备制造、安装单位和民用核设施营运单位(以下简称聘用单位)应当聘用取得资格证书的人员开展焊接活动,对焊接人员进行岗位管理。

第六条　本规定所称的焊接人员是指从事民用核安全设备焊接操作的焊工、焊接操作工;焊接方法是指焊接活动中的电弧焊(包括焊条电弧焊、手工钨极惰性气体保护电弧焊、熔化极气体保护电弧焊、埋弧焊等)和高能束焊(包括电子束焊、激光焊等)以及国务院核安全监管部门认可的其他焊接方法。

第二章　证书申请与颁发

第七条　申请《民用核安全设备焊接人员资格证》资格考核的人员应当具备下列条件:

(1)身体健康,裸视或者矫正视力达到 4.8 及以上,辨色视力正常。

(2)中等职业教育或者高中及以上学历,工作满 1 年。

(3)熟练的焊接操作技能。

第八条　有下列情形之一的人员,不得申请《民用核安全设备焊接人员资格证》资格考核:

(1)被吊销资格证书的人员,自证书吊销之日起未满 3 年的。

(2)依照本规定被给予不得申请资格考核处理的期限未满的。

第九条　国务院核安全监管部门制定考试计划,组织承担考核工作的单位(以下简称考核单位)实施资格考核。

考核单位负责编制考试用焊接工艺规程,实施具体考试工作,检验考试试件,出具考试结果报告。

第十条　申请人员由聘用单位组织报名参加资格考核,并提交下列材料:

(1)申请表。

(2)学历证明。

(3)二级及以上医院出具的视力检查结果。

第十一条　国务院核安全监管部门对提交的材料进行审核,自收到材料之日起 5 个工作日内确认申请人员考试资格。

第十二条　首次参加资格考核的申请人员应当通过理论考试和相应焊接方法的操作考试。参加增加焊接方法资格考核的申请人员只需要进行相应焊接方法的操作考试。

理论考试主要考查申请人员对核设施系统基本知识,核安全设备及质量保证相关知识,核安全文化,焊接工艺、设备、材料等焊接基本知识的理解和掌握程度。

操作考试主要考查申请人员按照焊接工艺规程及过程质量控制要求熟练地焊接规定的试件并获得合格焊接接头的能力。

第十三条　所有考试成绩均达到合格标准视为资格考核合格。

考试成绩未达到合格标准的,可在考试结束日的次日起 1 年内至多补考两次,补考仍未合格的,视为本次考核不合格。

第十四条　国务院核安全监管部门收到考核单位的考试结果报告之日起 20 个工作日内完成审查,作出是否授予资格的决定。

资格证书由国务院核安全监管部门自授予资格决定之日起 10 个工作日内向合格的人员颁发。

第十五条　资格证书包括下列主要内容:

(1)人员姓名、身份证号及聘用单位。

(2)焊接方法。

(3)有效期限。

(4)证书编号。

第十六条　资格证书的有效期限为 5 年。

第十七条　资格证书有效期届满拟继续从事焊接活动的人员,应当在证书有效期届满 6 个月前,由聘用单位组织向国务院核安全监管部门提出延续申请,并提交下列材料:

(1)申请表。

(2)二级及以上医院出具的视力检查结果。

(3)资格证书有效期内从事焊接活动的工作记录和业绩情况。

第十八条　对资格证书有效期内从事焊接活动的工作记录和业绩良好的,由国务院核安全监管部门作出准予延续的决定,资格证书有效期延续 5 年。对资格证书有效期内从事焊接活动不符合国务院核安全监管部门有关工作记录和业绩管理要求的,不与延续,需要重新申领资格证书。

第十九条　已取得国外相关资格证书的境外单位焊接人员,需经国务院安全监管部门核准后,方可在中华人民共和国境内从事焊接活动。

第二十条　申请核准的境外单位焊接人员,应当由聘用单位组织提交下列材料:

（1）持有的资格证书。

（2）相关核安全设备焊接活动业绩。

（3）未发生过责任事故、重大技术失误的书面说明材料。

（4）境内焊接活动需求材料。

第三章　监督管理

第二十一条　聘用单位应当对申请人员相关材料进行核实,确保材料真实、准确,没有隐瞒。

第二十二条　聘用单位应当对本单位焊接人员进行培训和岗位管理,按照民用核安全设备标准和技术要求实施焊接人员技能评定,合格后进行授权,并做好焊接人员连续操作记录管理。

第二十三条　焊接人员应当按照焊接工艺规程开展焊接活动,遵守从业操守,提高知识技能,严格尽职履责。

第二十四条　焊接人员一般应当固定在一个单位职业,确需在两个单位执业的,应当报国务院核安全监管部门备案。

焊接人员变更聘用单位的,应当由其聘用单位向国务院核安全监管部门提出资格证书变更申请,经审查同意后更换新的资格证书。变更后的资格证书有效期适用原资格证书有效期,原资格证书失效。

第二十五条　任何单位和个人不得伪造、变造或者买卖资格证书。

第二十六条　考核单位应当建立健全考核管理制度,配备与拟从事的资格考核活动相适应的考核场所、档案室、焊接设备和仪器,具有相应的专业技术人员和管理人员。

考核工作人员应当严格按照考核管理规定实施资格考核,保证考核的公正公平。

第二十七条　考核单位应当建立并管理焊接人员考试档案。考试档案的保存期限为10年。

第二十八条　焊接人员资格管理中相关违法信息由国务院核安全监管部门记入社会诚信档案,及时向社会公开。

第二十九条　对国务院核安全监管部门依法进行的监督检查,被检查单位和人员应当予以配合,如实反映情况,提供必要资料,不得拒绝和阻碍。

第四章　法律责任

第三十条　焊接人员违反相关法律法规和国家相关规定的,由国务院核安全监管部门根据清洁严重程度依法分类予以处罚。

第三十一条　申请人员隐瞒有关情况或者提供虚假材料的,国务院核安全监管部门不予受理或者不予许可,并给予警告;申请人员1年内不得再次申请资格考核。

第三十二条　焊接人员以欺骗、贿赂等不正当手段取得资格证书的,由国务院核安全监管部门撤销其资格证书,3年内不得再次申请资格考核;构成犯罪的,依法追究刑事责任。

第三十三条　焊接人员违反焊接工艺规程导致严重焊接质量问题的,依据《民用核安全设备监督管理条例》的相关规定,由国务院核安全监管部门吊销其资格证书。

第三十四条　伪造、变造或者买卖资格证书的,依据《中华人民共和国治安管理处罚法》的相关规定予以处罚;构成犯罪的,依法追究刑事责任。

第三十五条　聘用单位聘用未取得相应资格证书的焊接人员从事焊接活动的,依据《中华人民共和国核安全法》的相关规定,由国务院核安全监管部门责令改正,处10万元以上50万元以下的罚款;拒不改正的,暂扣或者吊销许可证,对直接负责的主管人员和其他直接责任人员处2万元以上10万元以下的罚款。

第三十六条　考核工作人员有下列行为之一的,由国务院核安全监管部门依据有关法律法规和国家相关规定予以处理:

(1)以不正当手段协助他人取得考试资格或者取得相应证书的。

(2)泄露考务实施工作中应当保密的信息的。

(3)在评阅卷工作中,擅自更改评分标准或者不按评分标准进行评卷的。

(4)指使或者纵容他人作弊,或者参与考场内外串通作弊的。

(5)其他严重违纪违规行为。

第五章　附则

第三十七条　资格考核的具体内容和评分标准由国务院核安全监管部门制定发布。

第三十八条　考核单位不得开展影响资格考核公平、公正的培训活动,不得收取考试费用。

第三十九条　本规定自2020年1月1日起施行。2007年12月28日原国家环境保护总局发布的《民用核安全设备焊工焊接操作工资格管理规定》(国家环境保护总局令第45号)同时废止。

附录2 《民用核安全设备焊接人员操作考试技术要求（试行）》内容

1. 引言

1.1 目的

为加强民用核安全设备焊接人员（以下简称焊接人员）资格管理，明确焊接人员操作考试技术要求，根据《民用核安全设备焊接人员资格管理规定》（HAF603）的规定，制定《民用核安全设备焊接人员操作考试技术要求》。

1.2 范围

《民用核安全设备焊接人员操作考试技术要求》适用于焊接人员资格考核的操作考试。

《民用核安全设备焊接人员操作考试技术要求》所称的焊接人员是指从事民用核安全设备焊接操作发焊工、焊接操作工。

2. 考试内容

2.1 焊接方法

焊接方法分类和代号见附表2.1。

附表2.1 焊接方法分类和代号

焊 接 方 法		代 号
焊条电弧焊		SMAW
手工钨极惰性气体保护电弧焊	手工	GTAW
	自动或机械化	GTAW-A 或 GTAW-M
熔化极气体保护电弧焊		GMAW
埋弧焊		SAW
电子束焊		EBW
激光焊		LBW

注：不同焊接方法之间不能相互替代。其中焊条电弧焊、手工钨极惰性气体保护电弧焊（手工）、熔化极气体保护电弧焊的表现形式为手工焊，手工钨极惰性气体保护电弧焊（自动或机械化）、埋弧焊、电子束焊、激光焊的表现形式为自动焊或机械化焊。

2.2 考试试件

各焊接方法操作考试试件及要求见附表2.2。

附表 2.2　操作考试项目及要求①

焊接方法	考试试件	试件材料	试件规格②/mm	试件数量	考试时间③	焊接位置	要求
焊条电弧焊④	板对接	碳钢	12	1	90 min	PF	单面焊双面成形
	管对接	碳钢	$\phi108\times8$	1	90 min	PH	带衬垫⑤
手工钨极惰性气体保护电弧焊(手工)⑥	管对接	奥氏体不锈钢	$\phi60\times5$	2	90 min	PH	单面焊双面成形
	管-板角接	碳钢	$\phi60\times5$ /$\delta10$	1	90 min	PH	插入式、板侧开坡口、单面焊双面成形
手工钨极惰性气体保护电弧焊(自动或机械化)⑦	板对接	—	12	1	60 min	—	单面焊双面成形
	管对接	—	$\phi108\times8$	1	60 min	—	
	管-板	—	—	6	60 min	—	
熔化极气体保护电弧焊⑧	板对接	碳钢	12	1	60 min	PF	单面焊双面成形
埋弧焊⑨	板对接	–	16	1	60 min	—	带垫板或双面焊
电子束焊⑩	板对接	—	4	1	60 min	—	单面焊双面成形
	管对接	—	$\phi273\times4$	1	60 min	—	
激光焊	板对接	—	10	1	60 min	—	单面焊双面成形

注:①"—"表示考核单位可根据焊接设备特点自行确定。

②试件规格尺寸的偏差应在规定值±10％范围内。

③考试时间指考试施焊时间,不包括考前试件打磨、组装和点固焊时间。

④焊条电弧焊采用板对接和管对接两种试件进行考试,两种试件考试均合格则其操作考试合格。

⑤从事手工钨极惰性气体保护电弧焊(手工)打底、焊条电弧焊填充和盖面的(以下简称氩电联焊),采用管对接试件不带衬垫,该试件考试合格后,仅适用于氩电联焊的情况。

⑥手工钨极惰性气体保护电弧焊(手工)采用管对接和管-板角接两种试件进行考试,两种试件考试均合格则其操作考试合格。

⑦除管-板外的手工钨极惰性气体保护电弧焊(自动或机械化),可根据焊接设备特点,从管对接和板对接试件中任选一种进行考试,试件考试合格则其操作考试合格。

从事自动或机械化手工钨极惰性气体保护电弧焊(管子-管-板)焊接活动的,应采用管-板试件进行考试,管材应为奥氏体不锈钢或镍基合金材料,该试件考试合格后,仅适用于管-板焊接。

⑧熔化极气体保护电弧焊采用半自动熔化极气体保护焊的方法进行考试,对于采用实芯或药芯焊丝不做限制。

⑨埋弧焊采用丝极埋弧焊的方法进行考试。从事带极堆焊的人员应取得埋弧焊资格。

⑩电子束焊可根据焊接设备及产品特点,从板对接和管对接两种试件中任选一种进行考试。

2.3　焊接位置及代号

考试试件的焊接位置和代号如附图 2.1 所示,图中箭头表示焊接方向。

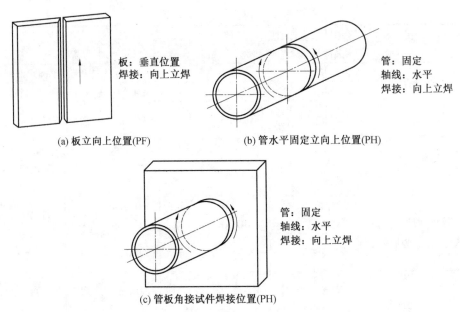

(a) 板立向上位置(PF)　　　(b) 管水平固定立向上位置(PH)

(c) 管板角接试件焊接位置(PH)

附图 2.1　考试试件的焊接位置和代号

3. 考试试件要求

板对接考试试件尺寸如附图 2.2(a)所示,对于自动焊和机械化焊,试板长度应≥400 mm。管对接考试试件的尺寸如附图 2.2(b)所示。管-板角接考试试件的尺寸如附图 2.2(c)所示。

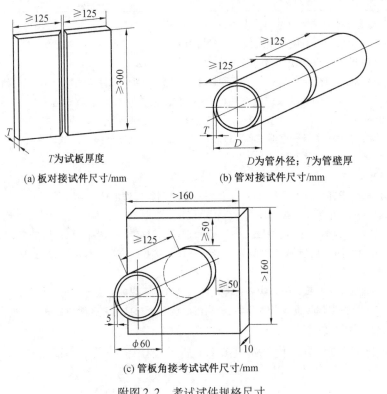

(a) 板对接试件尺寸/mm　　(b) 管对接试件尺寸/mm

(c) 管板角接考试试件尺寸/mm

附图 2.2　考试试件规格尺寸

4.考试施焊要求

4.1　基本要求

(1)操作考试只能由一名焊接人员在规定的试件上进行,不允许在同一试件上采用不同焊接方法进行组合考试(氩电联焊除外)。

(2)操作考试试件的数量应符合附表2.2要求,不允许多焊试件从中挑选。

(3)试件的制备和焊接应满足下列要求。

①考试试件的坡口表面和坡口两侧各25 mm范围内应当清理干净,去除铁屑、氧化皮、油、锈和污垢等杂物。

②试件坡口形式和尺寸应当按照焊接工艺规程制备,或者由考核单位按照相应国家标准和行业标准制备。

③焊条和焊剂应当按规定要求烘干,随用随取,焊丝应当除油、除锈。

④水平固定试件上应当标注焊接位置的钟点标记,定位焊缝不得在"6点"标记处;管对接和管-板角接向上立焊时应从"6点"标记处起弧。

⑤操作考试前,应在监考人员与焊接人员工共同在场确认的情况下,在试件上标注焊接人员考试编号。

⑥手工焊操作考试时,所有试件的第一层焊缝中至少应有一个停弧再焊接头;自动焊和机械化焊操作考试时,每一焊道中间不得停弧。

⑦手工焊操作考试时,不允许采用刚性固定的方法对试件进行固定,但允许组对时给试件预留反变形量。

⑧自动焊和机械化焊操作考试时,允许加引弧板和熄弧板。

⑨试件开始焊接后,焊接位置不得改变。角度偏差值范围应当在试件规定位置±5°范围内。

⑩操作考试时,除第一层和中间焊道接头在更换焊条时允许修磨外,其他焊道(包括最后一层)不允许修磨和打磨。

⑪操作考试时,焊接人员应在规定的时间内完成考试。

4.2　焊接材料

(1)考试用焊接填充材料应与考试试件母材相匹配(等成分或等强度原则)。

(2)管-板的手工钨极惰性气体保护电弧焊(自动或机械化)考试时需要使用焊接填充材料的,焊接填充材料应采用奥氏体不锈钢或镍合金。

4.3　焊接工艺评定

对于每项考试所使用的焊接工艺规程应有适当的、有效的焊接工艺评定作为技术支撑。适用的焊接工艺评定应满足以下要求。

(1)焊接工艺评定应符合国内核电厂已采用的成熟的标准规范要求。

(2)焊接工艺评定适用范围能覆盖操作考试。

(3)焊接工艺评定为有效状态。

4.4　焊接工艺规程

(1)焊接人员应当按照批准的考试用焊接工艺规程焊接考试试件。

(2)考试用焊接工艺规程应包括可能影响考试结果的各种焊接变素,焊接参数应细化到焊接人员按照考试用焊接工艺规程能独立进行施焊的程度。

4.5 考试过程要求

操作考试过程主要考查焊接人员的操作习惯、质量意识和核安全文化意识,出现以下情况的,该项操作考试不合格。

(1)母材、焊材的牌号和规格尺寸使用错误。

(2)开焊后,试件点固焊接位置错误,试件位置错误或违规变更试件位置。

(3)手工焊时试件进行刚性固定。

(4)手工焊打底焊道停弧再接头未控制。

(5)打底层和中间焊道违规修磨和打磨,最后一层焊缝打磨、返修(最终焊缝非原始状态)。

(6)故意遮挡监控探头。

(7)其他严重违反考试规定或考试纪律的行为。

5. 考试试件检验要求

5.1 检验项目和数量

操作考试试件的检验项目和试样数量见附表2.3,表中目视检验试件数量即考试试件数量。

附表2.3 试件检验项目、检查数量和试样数量

试件形式		试件形状尺寸		检验项目/件		
		厚度/mm	管外径/mm	目视检验	渗透检验	射线检验
对接接头	板对接	—	—	1	1	1
	管对接	5	60	2	2	2
		8	108	1	1	1
		4	273	1	1	1
管-板角接		10	60	1	1	1
管-板			—	6	6	6

5.2 检验要求

(1)试件目视检验(VT)合格后,方可进行其他检验项目。

(2)试件目视检验(VT)按照《核电厂核岛机械设备无损检测》(NB/T 20003)要求的条件和方法进行。

(3)手工焊的板对接试件两端20 mm内的缺陷不计,焊缝的余高和宽度应测量最大值和最小值,但不取平均值,单面焊的背面焊缝宽度可不测量。

(4)试件焊缝的目视检验应符合下列要求。

①焊缝表面应是焊后原始状态,不允许加工修磨或返修。

②焊缝外形尺寸应符合附表2.4的规定以及下列要求。

a. 板对接试件焊缝边缘直线度:手工焊≤2 mm;自动和机械化焊≤3 mm。

b. 管-板角接试件角焊缝凸度或凹度应不大于1.5 mm;管-板试件角焊缝的焊脚尺寸 K 为 $T+(0\sim3)$ mm(T 为管壁厚)。

c. 不带衬垫的板对接试件、管-板角接试件和外径不小于76 mm的管对接试件背面焊缝的凸起应不大于 3 mm。

表 2.4　试件焊缝外形尺寸　　　　　　　　　　　　　　　　　mm

焊接方法	焊缝余高		焊缝余高差		焊缝宽度	
	平焊位置	其他位置	平焊位置	其他位置	比坡口每侧增宽	宽度差
手工焊	–	0 ~ 4	–	≤3	0.5 ~ 2.5	≤3
非手工焊	0 ~ 3	0 ~ 3	≤2	≤2	2 ~ 4	≤2

（5）各种焊缝表面不得有裂纹、未熔合、夹渣、气孔、焊瘤和未焊透。自动焊和机械化焊的焊缝表面不得有咬边和凹坑。手工焊焊缝表面的咬边和背面凹坑不得超过附表 2.5 的规定。

表 2.5　手工焊焊缝表面咬边和背面凹坑

缺陷名称	允许的最大尺寸
咬边	深度≤0.5 mm；焊缝两侧咬边总长度不得超过焊缝长度的 10%。
背面凹坑	当 $T \leqslant 6$ mm 时，深度 $\leqslant 15\%T$，且 $\leqslant 0.5$ mm；当 $T > 6$ mm 时，深度 $\leqslant 10\%T$，且 $\leqslant 1.5$ mm。总长度不超过焊缝长度的 10%。

（6）板状试件焊后变形角度 $\theta \leqslant 3°$，如附图 2.3（a）所示。试件的错边量不得大于 $10\%T$，且 $\leqslant 2$ mm，如附图 2.3（b）所示。

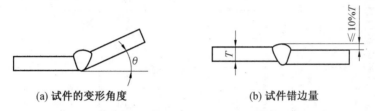

(a) 试件的变形角度　　　　　　　　　(b) 试件错边量

附图 2.3　板状试件的变形角度和错边量

（7）属于一个考试项目的所有试件目视检验的结果均符合上述各项要求，该项试件的目视检验为合格，否则为不合格。

（8）试件的渗透检验（PT）、射线检验（RT）应按照《核电厂核岛机械设备无损检测》（NB/T 20003）的要求进行，焊缝质量应符合 1 级焊缝的检验要求。

（9）试件的无损检验人员资格应符合《民用核安全设备无损检验人员资格管理规定》（HAF602）的规定。

附录3 手工钨极惰性气体保护电弧焊（GTAW）考试流转卡及附表

手工钨极惰性气体保护电弧焊（GTAW）考试流转卡

更改记录	标记	日期	签字				备注
			考核中心	工艺	QC	车间	

说明："A"为焊工项目考试的各相关负责人的H、W、R点；"B"为质量管理部质保人员的H、W、R点；"C"为外部监督各相关负责人的H、W、R点

工序	责任部门	工序内容（Operation）	执行人	日期	校对 A	校对 B	校对 C	设备及工装	备注	工时	材料定额
010	核电生产制造部	按附表3.1要求穿戴好劳保用品；携带好考试用焊接辅助工具；检查焊接设备	XXX（焊工）	2021/05/08							
011	核电生产制造部	焊接前领取考试用WPS，按要求阅读考试文件	XXX（焊工）	2021/05/08							
012	核电生产制造部	焊接前按WPS对考试用母材，焊材质量确认	XXX（焊工）	2021/05/08							
013	核电生产制造部	焊工项目考试试件装配按考试规程要求母材牌号和焊材牌号规格尺寸检查	XXX（焊工）		√						
014	核电生产制造部	焊工项目考试试件装配按考试规程要求焊接开焊后，焊材牌号和规格尺寸（母材牌号和规格尺寸开焊后，焊材牌号和规格尺寸使用错误；开焊后，焊材牌号和规格尺寸使用错误）	XXX（焊工）	2021/05/08	√						
015	核电生产制造部	设备，仪器，仪表，气体是否进行标签核对	XXX（焊工）	2021/05/08							
016	核电生产制造部	设备，仪器，仪表是否进行检查，是否正确安装气体流量计	XXX（焊工）								
017	核电生产制造部	是否检查气体，是否固定气瓶	XXX（焊工）								
018	核电生产制造部	按工艺规程进行设备焊接参数调试（自备试板）	XXX（焊工）								
019	核电生产制造部	按附表3.2和焊接工艺文件要求进行装配交检	XXX（焊工）	2021/05/08		√					
020	核电质量管理部	焊工项目考试试件标注并宣布考试开始	XXX（QA）	2021/05/08							

工序	责任部门	工序内容（Operation）	执行人	日期	校对 A	B	C	设备及工装	备注
021	核电生产制造部	按附表3.3要求考试开始并计时	XXX（焊工）						
022	核电生产制造部	焊接过程开干焊后，试件点固焊接位置错误或违规变更试件位置	XXX（焊工）	2021/05/08	√				
023	核电生产制造部	焊接过程手工焊时试件进行刚性固定	XXX（焊工）	2021/05/08	√				
024	核电生产制造部	焊接过程手工焊打底焊道停弧再接头未控制	XXX（焊工）	2021/05/08	√				
025	核电生产制造部	焊接过程打底层和中间层焊道违规修磨和打磨，最后一层焊缝打磨、返修（最终焊缝非原始状态）	XXX（焊工）	2021/05/08	√				
026	核电生产制造部	焊接过程故意遮挡监控探头	XXX（焊工）	2021/05/08	√				
027	核电生产制造部	打底层按附表3.5记录焊接参数并与焊接工艺规程报告监考人对比目拍照记录下接头位置	XXX（焊工）	2021/05/08	√				
028	核电生产制造部	填充层按附表3.5记录焊接参数并与焊接工艺规程对比并拍照	XXX（焊工）		√				
029	核电生产制造部	盖面层按附表3.5记录焊接参数并与焊接工艺规程对比目拍照	XXX（焊工）		√				
030	核电生产制造部	考试结束并记下结束时间。按附表3.4要求做好考后工作	XXX（焊工）	2021/05/08					
031	核电生产制造部	焊后焊件处理：进行清理飞溅，检查标识是否正确、清晰	XXX（焊工）	2021/05/08					
032	核电生产制造部	焊后焊件处理：进行焊件交检封存	XXX（焊工）	2021/05/08					

编制　　审核　　审批　　准　　工　　时　　编制　　校对　　材料定额

审　核　审　批　准　工　时

QC　材料定额　工时

设备及工装　QA　备注

工序号	责任部门	工序内容（Operation）	工时	执行人	日期	校对 A	B	C	设备及工装（QA）	备注	QC 工时	材料定额
033	核电技术部	焊后工位整理：关闭电、气源，整理焊接把线，焊枪		XXX（焊工）	2021/05/08							
034	核电生产制造部	焊后工位整理：打扫场地，清理卫生		XXX（焊工）	2021/05/08							
035	核电生产制造部	考试纪律：正确使用焊条/丝（头）筒，进行焊材退库		XXX（焊工）	2021/05/08							
036	核电生产制造部	离开本人工位或进入他人工位要请示监考人		XXX（焊工）	2021/05/08							
037	核电生产制造部	不得在工位内抽烟，吃东西，使用手机等		XXX（焊工）	2021/05/08							
038	核电生产制造部	安全事项是否正确穿戴使用防护用品		XXX（焊工）	2021/05/08							
039	核电生产制造部	遵守设备使用规定		XXX（焊工）	2021/05/08							
040	核电生产制造部	试件固定是否牢靠，打磨方向是否安全		XXX（焊工）	2021/05/08							
041	核电质量管理部	严重违反考试规定或考试纪律的行为		XXX（QA）		√						
042	核电技术部	启封焊件		LJS（主考人）								
043	核电质量管理部	GTAW-02每件焊接件焊接完成都应按《民用核安全设备焊接人员操作考试技术要求（试行）》（国核安发〔2019〕238号文）填写"焊接方外观检验报告"，见附表3.6		XXX（QC）								

工序	责任部门	工序内容（Operation）	执行人	备注
044	核电质量管理部	（1）试件的渗透检验（PT）应按照《核电厂核岛机械设备无损检测》（NB/T 20003）的要求进行，焊缝质量应符合《民用核安全设备无损检验的检验要求 （2）试件的无损检验人员资格应符合《民用核安全设备无损检验人员资格管理规定》（HAF602）的规定 （3）GTAW-02 无损检验（PT）报告见附表3.7	XXX （QC）	
045	核电质量管理部	（1）试件的射线检验（RT）应按照《核电厂核岛机械设备无损检测》（NB/T 20003）的要求进行，焊缝质量应符合1级焊缝的检验要求 （2）试件的无损检验人员资格应符合《民用核安全设备无损检验人员资格管理规定》（HAF602）的规定 （3）GTAW-02 无损检验（RT）报告见附表3.8	XXX （QC）	

编制　审核　批准　工　时　校对　日期　A　B　C　设备及工装　QA　QC　工时　材料定额　材料定额

附图 1

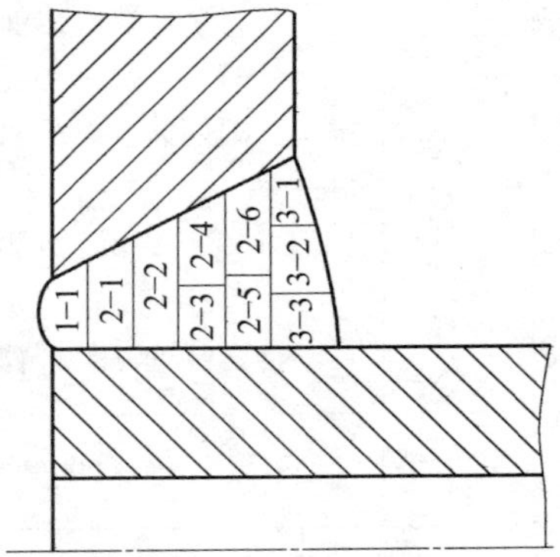

附表 3.1 焊接参数与预热、后热及层温记录表

焊道 (Pass No.)	焊材规格 (Size) /mm	项目 I	项目 II	项目 III	项目 IV	电流 (Amperage) /A	电压 (Volt) /V	焊接时间 (Time) /min	喷嘴规格 D/mm	A /℃	B /℃	C /℃	D /℃	E /℃	F /℃	1 /℃	2 /℃	3 /℃	搭接量 (Overlap) /mm	日期 (Date)	时间 (Time)
1-1	φ2.0	√				95	10	6	6	28	28	28	28	28	28	30	30	30		2021/05/08	8:00
2-1	φ2.0		√			110	11	6	6							145	150	157		2021/05/08	9:30
2-2	φ2.0		√			150	11	10	8							160	160	161		2021/05/08	10:00
2-3	φ2.0		√			150	11	8	8							183	180	180		2021/05/08	10:30
2-4	φ2.0		√			150	11	8	8							187	180	190		2021/05/08	11:00
2-5	φ2.0		√			150	11	12	8							156	155	156		2021/05/08	11:35
2-6	φ2.0		√			150	11	12	8							153	155	155		2021/05/08	12:00
3-1	φ2.0		√			120	11	6	8							160	160	165		2021/05/08	12:35
3-2	φ2.0		√			120	11	7	8							150	150	150		2021/05/08	13:00
3-3	φ2.0		√			120	11	6	8							180	180	190		2021/05/08	13:30

注：① I：预热开始，II：焊接，III：后热开始，IV：后热结束。
② 根据操作内容分别在项目栏中的 I、II、III、IV 子栏中做好标记，并在后面的栏目内记录相应的规范参数。

附表3.2　焊工焊前培训自我评价记录表

姓名：　　　　　　　　　　　　　　　　　　填写日期：

序号	检 查 项 目	检查结果		扣分
1	劳保用品穿戴			
1.1	工作服	□是	□否	
1.2	工作帽	□是	□否	
1.3	劳保鞋	□是	□否	
1.4	口罩	□是	□否	
1.5	耳塞	□是	□否	
1.6	手套	□是	□否	
1.7	防护眼镜	□是	□否	
1.8	面罩	□是	□否	
2	焊接辅助工具准备			
2.1	钳型电流表标签核对	□是	□否	
2.2	砂轮机	□是	□否	
2.3	接触式测温仪标签核对	□是	□否	
2.4	焊丝桶	□是	□否	
2.5	焊丝头回收桶	□是	□否	
2.6	钢板尺、焊接检测尺	□是	□否	
2.7	不锈钢丝刷	□是	□否	
2.8	丙酮、棉纱布	□是	□否	
3	焊接设备			
3.1	焊机运行调试检查	□是	□否	
3.2	极性DCEP进行检查核对	□是	□否	
3.3	电流表有效期进行标定标签核对	□是	□否	
3.4	电压表有效期进行标定标签核对	□是	□否	
3.5	焊枪运行调试检查	□是	□否	
3.6	辅助按钮的正确使用进行调试	□是	□否	
4	焊接仪器、仪表、气体工装夹具检查			
4.1	工装夹具运行是否正常检查	□是	□否	
4.2	工装夹具扳手检查	□是	□否	
4.3	气体仪器仪表检查、标定标签核对	□是	□否	
4.4	是否正确安装调试气体流量计	□是	□否	
4.5	是否检查气体标签核对	□是	□否	
4.6	是否固定气瓶	□是	□否	

续附表 3.2

序号	检 查 项 目	检查结果		扣分
5	文件准备			
5.1	规程	□是	□否	
5.2	流转卡	□是	□否	
5.3	适用性文件	□是	□否	
5.4	焊道记录图	□是	□否	
5.5	生产焊缝数据单	□是	□否	
5.6	焊接参数与预热、后热及层温记录表	□是	□否	

　　焊工签名：　　　　　　　　　　　　　　　　　时　　间：

　　焊工教师打分：　　　　　　　　　　　　　　焊工教师签名：

说明：

(1)实行扣分制,总分 100 分,每产生一个"否"项,扣 2 分,每项不重复扣分。

(2)产生"否决"项,监查结论为"不符合过程控制要求"。

(3)过程控制结果无"否决"项,但得分小于 90 分时监查结论为"不合格"。

附表3.3 焊工试件焊前状态培训自我评价记录表

姓名：　　　　　　　　　　　　　　　　　　　　　　填写日期：

序号	检 查 项 目	检查结果	备注
1	焊接规范参数		
1.1	按焊接规程调试焊接规范参数/电流	□是　　□否	
1.2	按焊接规程调试焊接规范参数/电压	□是　　□否	
1.3	按焊接规程调试焊接规范参数/速度	□是　　□否	
2	测温		
2.1	预热六点测温	□是　　□否	
2.2	道间三点测温	□是　　□否	
3	焊缝几何形状		
3.1	焊接热输入量的控制焊缝长度/1根焊丝	□是　　□否	
3.2	焊接热输入量的控制焊缝宽度/1根焊丝	□是　　□否	
3.3	焊接热输入量的控制焊缝余高/1根焊丝	□是　　□否	
3.4	焊接热输入量的控制焊缝厚度/1根焊丝	□是　　□否	
4	热输入		
4.1	按焊接规程调试焊接规范参数/电流	□上 □中 □下	
4.2	按焊接规程调试焊接规范参数/电压	□上 □中 □下	
4.3	按焊接规程调试焊接规范参数/速度	□上 □中 □下	
5	母材、焊材		
5.1	是否进行母材规格自查	□是　　□否	
5.2	坡口角度、钝边,装配间隙自查	□是　　□否	
5.3	每测增宽标准线核对	□是　　□否	
5.4	是否进行焊材牌号和规格自查	□是　　□否	
5.5	装配后,母材牌号和规格尺寸使用错误	□是　　□否	
5.6	开焊后,焊材牌号和规格尺寸使用错误	□是　　□否	
5.7	是否按焊接工艺文件要求进行装配	□是　　□否	
5.8	试件焊接区清洁度满足要求	□是　　□否	

附表 3.4　焊工试件焊接过程培训自我评价记录表

姓名：　　　　　　　　　　　　　　　　　　　　填写日期：

序　号	检　查　项　目	检查结果	扣分
1	位置		
1.1	开焊后,试件点固定位焊缝焊接位置放在6点错误	□是　　　□否	
1.2	水平固定试件位置错误 （焊接停留期间松动试件变换了试件位置）	□是　　　□否	
1.3	违规变更试件位置 （水平固定焊接变换了转动或爬坡试件位置）	□是　　　□否	
2	焊道接头		
2.1	手工焊打底焊道必须停弧,若再接头前要告知	□是　　　□否	
3	打磨		
3.1	打底层和中间焊焊道违规修磨和打磨 （不得动打磨工具）	□是　　　□否	
3.2	最后一层焊缝打磨、返修 （最终焊缝非原始状态）	□是　　　□否	
4	焊接参数与焊接工艺规程		
4.1	焊接电流、电压、速度与焊接工艺规程不符	□是　　　□否	
4.2	喷嘴规格、钨棒规格、气体流量与焊接工艺规程不符	□是　　　□否	
5	故意遮挡监控探头		
5.1	焊接时注意挡监控探头位置	□是　　　□否	
6	刚性固定		
6.1	手工焊时试件进行刚性固定	□是　　　□否	

附表 3.5　焊工培训焊后自我评价记录表

姓名：　　　　　　　　　　　　　　　　　　　填写日期：

序号	检 查 项 目	检查结果		备注
1	焊件处理			
1.1	焊件是否清理飞溅	□是	□否	
1.2	焊件标识是否正确、清晰	□是	□否	
1.3	焊件是否进行焊件封存	□是	□否	
1.4	文件是否归还	□是	□否	
2	工位整理			
2.1	是否关闭电、气源,整理焊接把线、焊枪	□是	□否	
2.2	是否清理卫生	□是	□否	
2.3	工具是否归还	□是	□否	
2.4	工装夹具是否完好	□是	□否	
2.5	平台是否打磨光滑	□是	□否	
3	考试纪律			
3.1	是否正确使用焊条/丝(头)筒,进行焊材退库	□是	□否	
3.2	离开本人工位或进入他人工位是否请示	□是	□否	
3.3	是否在工位内抽烟、吃东西、使用手机等	□是	□否	
4	安全事项			
4.1	电焊工是否持有安全证书	□是	□否	
4.2	是否正确穿戴使用防护用品	□是	□否	
4.3	是否遵守设备使用规定	□是	□否	
4.4	当焊枪与工件短路时,是否启动电焊机	□是	□否	
4.5	试件固定是否牢靠,打磨方向是否安全	□是	□否	
4.6	接地检查是否良好	□是	□否	

附表3.6　焊接方法的考试外观检验报告

报告编号:WG(NS)-11-焊考-XXX

考试项目代号		GTAW P-T GWⅥ 02 t10 D60 PH ss nb		
实施计划编号	DFN-11-XX-XX	焊工、焊接操作工项目考试编号(试件编号)		03-考号
焊工、焊接操作工姓名	XXX	依据标准		NB/T 20003
焊接方法	GTAW	母材牌号和规格		20+Q235 试板:δ10×180×180 mm 试管:φ60×5×125 mm
试件形式	板-管接管焊缝	焊接位置		PE
焊缝余高		裂　纹	咬　边	
0.5 mm		无	$H \leqslant 0.5$ mm,$L=8$ mm	
焊缝余高差		未熔合	背面凹坑	
0~0.5 mm		无	无	
比坡口每侧增宽		夹　渣	变形角度	
0.5~1.0 mm		无		
宽度差		气　孔	错边量	
—		无		
焊缝边缘直线度		焊　瘤	角焊缝凹凸度	
—		无	凸度$\leqslant 1.0$ mm	
背面焊缝余高		未焊透	焊脚尺寸	
1.5 mm		无	$K=6~6.5$ mm	
堆焊焊道高度差		堆焊凹下量	通球检验	
—		—	—	
堆焊焊道平面度				
—				
外观检验结果(合格、不合格)		合格	检验日期	XX.XX.XX
检验人员		XXX	证书号	XXXX
复审人员		XXX	证书号	XXXX

附表3.7 渗透检验(PT)报告

验收标准: NB/T 20003

焊工姓名	XXX	焊接方法的考试编号	GTAW-02
考试项目代号		GTAW P-T GWⅥ 02 t10 D60 PH ss nb	

试样类型	标识	尺寸	简图
渗透检验(PT)	GTAW-02	试板: δ10×180×180 mm 试管:φ60×5×125 mm	

无损检验(PT)			
考试编号	GTAW-02		
实物照片			

标识	缺陷描述	结果
GTAW-02	未发现裂纹、未熔合、未焊透、气孔及夹渣等低倍焊接缺陷	合格

结 论	合 格		
试验者	XXX	日期:XX. XX. XX	签名:XXX
审 核	XXX	日期:XX. XX. XX	签名:XXX
批 准	XXX	日期:XX. XX. XX	签名:XXX

附表3.8　射线检验(RT)报告

验收标准：NB/T 20003

焊工姓名	XXX	焊接方法的考试编号	GTAW-02	
考试项目代号		GTAW P-T GW Ⅵ 02 t10 D60 PH ss nb		
试样类型	标识	尺寸	简图	
射线检验(RT)	GTAW-02	试板： δ10×180×180 mm 试管：φ60×5×125 mm		

无损检验(RT)		
考试编号	GTAW-02	
实物照片		
标识	缺陷描述	结果
GTAW-02	未发现裂纹、未熔合、未焊透、气孔及夹渣等低倍焊接缺陷	合格

结　论	合　格		
试验者	XXX	日期：XX.XX.XX	签名：XXX
审　核	XXX	日期：XX.XX.XX	签名：XXX
批　准	XXX	日期：XX.XX.XX	签名：XXX

参考文献

[1]中国机械工程学会焊接分会.焊接手册(第1、2卷)[M].北京:机械工业出版社,2002.

[2]张宇光,王绍国.焊工取证上岗培训教材[M].北京:机械工业出版社,1993.

[3]张宇光,王绍国.国际焊接操作工培训[M].哈尔滨:黑龙江人民出版社,2002.

[4]杨松,樊险峰.锅炉压力容器焊接技术培训教材[M].北京:机械工业出版社,2005.

[5]吕晓春,方乃文.2018版焊工国家职业技能标准[M].北京:中国劳动社会保障出版社,2019.

[6]李天舒,刘璐.民用核安全设备焊工焊接操作工基本理论知识考试培训教材[M].北京:北京理工大学出版社,2019.

[7]郭承站,谭民强.民用核安全设备焊工焊接操作工理论考试培训手册[M].北京:中国原子能出版社,2015.

[8]王绍国,徐锴,吴东球,等.核电焊工技能操作标准化培训教程[M].哈尔滨:哈尔滨工程大学出版社,2019.

[9]王绍国,徐锴,吴东球,等.核电焊接操作工项目考试技能操作标准化培训教程[M].哈尔滨:哈尔滨工程大学出版社,2020.

部分彩图

图 2.16 氮气孔

图 3.14 打底层焊接立向上 3 点(时钟)位置实物照片

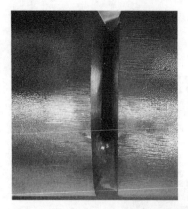 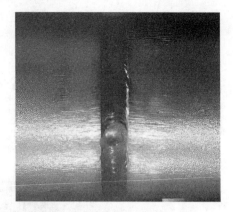

图 3.15　打底层 3 点(时钟)位置照片　　　　图 3.16　打底层焊接实物照片

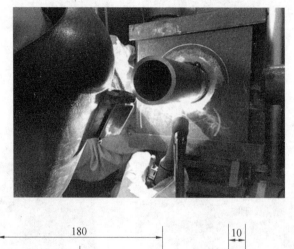

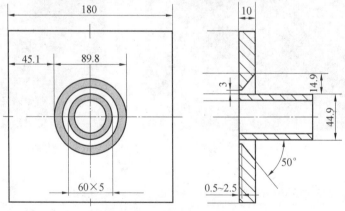

图 4.12　插入式管–板试件装配示意图及实物照片(mm)